汪诘 少儿科学思维 培养书系

汪诘 著 庞坤 绘

如何测量宇宙膨胀的速度

RUHE CELIANG YUZHOU PENGZHANG DE SUDU

接力出版社
Publishing House

图书在版编目（CIP）数据

如何测量宇宙膨胀的速度 / 汪诘著；庞坤绘 . —南宁：接力出版社，2019.8
（汪诘少儿科学思维培养书系）
ISBN 978-7-5448-6146-5

Ⅰ . ①如⋯　Ⅱ . ①汪⋯ ②庞⋯　Ⅲ . ①宇宙学—少儿读物　Ⅳ . ① P159-49

中国版本图书馆 CIP 数据核字（2019）第 138175 号

责任编辑：刘佳娣　　装帧设计：许继云
责任校对：张琦锋　　责任监印：刘　冬
社长：黄　俭　　总编辑：白　冰
出版发行：接力出版社　　社址：广西南宁市园湖南路9号　　邮编：530022
电话：010 - 65546561（发行部）　　传真：010 - 65545210（发行部）
http：//www.jielibj.com　　E - mail：jieli@jielibook.com
经销：新华书店　　印制：北京盛通印刷股份有限公司
开本：710毫米×1000毫米　1/16　　印张：10.25　　字数：140千字
版次：2019年8月第1版　　印次：2019年8月第1次印刷
印数：00 001—15 000 册　　定价：48.00元

目 录

自 序

　　这两年，每当我做完以亲子家庭为对象的科普讲座后，向我提问频率最高的一个问题（没有之一）是：汪老师，能不能给我家孩子推荐几本科普好书？说句真心话，每当这个时候，我总是会有点尴尬。因为，我无法脱口而出，热情地推荐某一本书。我小时候看过的所谓科普书，今天回想起来，其实大多数是"飞碟是外星人的飞船""金字塔的神秘力量"等所谓的"世界未解之谜"。这些书在今天看来，大多是伪科学丛书，毫无科学精神可言。我自己有了分辨科普书的能力时，已经快三十岁了，自然也就不会再看面向青少年的科普书籍。后来，随着女儿渐渐长大，我开始为她挑选科普书籍。我这才发现，要找一本让我完全满意的儿童科普书，竟然那么难。虽然市面上也有《科学家故事100个》《十万个为什么》《昆虫记》《万物简史（少儿彩绘版）》等优秀的作品，但我希望自己的孩子阅读科普书不仅能掌握科学知识，还能领悟科学思维。一个人的科学素养是由科学知识和科学思维共同组成的，两者相辅相成，缺一不可。所以，只有两者均衡发展，才能最大化地提升一个人的科学素养。

也就是说，科学知识要学，但不能只学科学知识；科学家的故事要看，但不能只看科学家的故事。

比科学故事更重要的是科学思维。

所以，我想写一套启发孩子科学思维的丛书，为我国的儿童科普书库做一些有益的补充。我的这个想法得到了接力出版社的大力支持，尤其是在编辑刘佳娣老师的全情投入下，才有了你们今天看到的这套丛书。

给孩子讲科学思维远比给成人讲困难，因为科学思维的总纲是逻辑和实证，这是比较抽象的概念。因此，要让孩子能够理解抽象的概念，就必须把它们和具体的科学知识、科学故事结合起来讲，不能是干巴巴的说教。所以，给青少年看的科普书，"好看"是第一位的。丢掉了这个前提，其他都是空谈。

在这套丛书中，我会用通俗的语言、生动的故事来解答小朋友最好奇的那些问题。例如：时间旅行有可能实现吗？黑洞、白洞、虫洞是怎么回事？光到底是什么东西？量子通信速度可以超光速吗？宇宙有多大？宇宙的外面还有宇宙吗？……我除了要解答孩子的十万个为什么，更重要的是教孩子像科学家一样思考。

科学启蒙，从这里开始。

第 *1* 章

大地的形状

天文学的诞生

每逢天气晴朗的夜晚，我都喜欢仰望星空。苍穹之上，繁星点点，无限浩瀚。望着深邃的宇宙，我总是会呆呆地出神很久。

20多万年前，也是在同样的星空下，一个智人闪过一个念头：星星是什么？人类文明的曙光正是从这一刻划破了黑暗，浩瀚的宇宙中从此诞生了地球文明。会问"为什么"的智人不再只是动物了，他们成为万物之灵的人类。他们开始追问：为什么会有白天黑夜？为什么太阳东升西落？为什么会有日食月食？……

在远古时代，这些最为朴素的天文学问题是全世界所有智者面临的第一批问题，因此，从人类诞生的第一天起就诞生了天文学。实际上，所谓的智者就是人类中率先产生了好奇心的人，他们试图回答的问题就是自己心中的疑问。

我想带着你重新走一趟人类提出问题、解决问题的艰辛历程。这是一部我们认识星空的历史，更是一部人类理性崛起的历史，跌宕起伏，扣人心弦。你准备好了吗？

20多万年前，智人仰望星空

大地之下，天边之后

　　我们的故事要从 2500 多年前的古希腊开始讲起。在爱琴海边上的巴尔干半岛上，生活着一群具有远见卓识的古希腊人，他们吃饱了饭后，最爱做的一件事情就是辩论。

　　这一天，阳光明媚，风和日丽。在一个广场上，一群知识分子聚集在一起，他们正在争论着天地结构和大地的形状。

　　有一位老者张开双臂，大声说道："天空就像是一口倒扣着的锅，覆盖着平整的大地，在天与地的尽头，就是天边。"

　　有人问："老先生，天边有什么呢？"

　　老人哼了一声："还能有什么？见过悬崖吗？天边之后就是万丈深渊。当然啦，天边很远很远，至今也没有人能真正走到天边。"

　　那人又问："再请教一下，大地的下面有什么呢？"

　　老人回答说："大地之下就是无尽的海洋啊。"

　　话还没说完，就被一声冷笑打断。人群中另外一位老者说道："胡说，大地之下怎么可能是海洋呢？！你见过石头能浮在水面上吗？我们的大地是石头组成的，如果大地下面是海洋，大地早就沉下去了。"

　　第一个老人一时语塞，涨红了脸，有点恼怒地说："那你说是什么？"

第一位老者认为，天空像一口锅倒扣在大地上

　　那位老者一本正经地说："乌龟！"

　　人群中顿时有人忍不住笑了出来。

　　老者大声说道："有什么好笑的？我从各处的传说中发现，大地是被一只神龟驮着的，只有龟的硬甲才能支撑住我们的大地。"

　　没想到人群中的笑声更大了，有人问："那你说说，这只乌龟又是被什么驮着的呢？"

老者得意地说："我就知道你们会这么问，告诉你，年轻人，神龟之下还是另一只神龟，无数的神龟，一只驮着一只。"

老者的发言却引来了更大的哄笑声。此时，从人群中走出了一位中年人，气宇轩昂，目光如炬，他走到了高处。

大家一看到他，都安静了下来，有人窃窃私语说："啊，毕达哥拉斯先生也来了！"

第二位老者认为，大地是被一只又一只的神龟驮着的

毕达哥拉斯的思辨

毕达哥拉斯（Pythagoras，公元前570—公元前495）是远近闻名的大数学家。众所周知，他对数字有着一种近乎疯狂的热爱，他可以随口说出自己的裤子是用几块布料缝制的，今天一共走了多少步路，从上一次跟人争辩到今天过去了几天。总之，在毕达哥拉斯看来，这个世界就是由数字组成的，任何事情他都要把它们分解为数字去研究。但他平生最害怕的问题就是被问到头发和胡子的数量，如果不是技术的原因，他早就想把自己的头发和胡子全部剃掉了。他一现身，大家都伸长了脖子听他说话。

毕达哥拉斯缓缓地说道："在自然界中，圆形是最美的平面图形，而球体则是最完美的立体形状。神创造了天地万物，神热爱完美，所以，大地不是平的，它必然是一个完美的球形。"

此言一出，人群中顿时发出了阵阵惊呼。

最先发言的那位老者质问道："一派胡言！如果我们的大地是个球形的话，为什么我们拿一张地毯可以平整地铺满整个地面，而没有一点儿凸起的地方呢？"

毕达哥拉斯指着身边一棵三人合抱的大树说："看，这棵树上有一只蚂蚁正在爬，我敢保证，在这只蚂蚁看来，这棵树的表面也是平的，蚂蚁的眼界太小了。我们人类在大地上，就像这只蚂蚁在大树上，我们的目光所及之处实在是太有限了，所以我们会认为大地是平的。"

　　老者大手一挥，说道："可笑至极啊！如果你说的是对的，那我们朝着远方一直走，岂不是就会慢慢地头朝下掉下去了吗？你们见过倾斜的大地吗？"

可笑至极！

大地是一个完美的球形。

汪诘少儿科学思维培养书系

毕达哥拉斯笑了起来："哈哈，你不用担心，大地很大很大，大到了远远超乎我们所有人的想象。当大地逐渐倾斜到一定角度的时候，那里一定是寸草不生了，会有一个很长很长的荒芜的过渡带，或许用我们的一生都走不到那里。你们难道要质疑天地万物的和谐完美吗？"

毕达哥拉斯是那个时代最伟大的智者之一，他的这个思想超过了同时代的大多数哲学家，由他开创的毕达哥拉斯学派曾经创造过许多辉煌。然而，毕达哥拉斯的问题在于，他不屑于去寻找实实在在的证据，他认为用数学就足够证明大地是球形的了。我们把毕达哥拉斯这种寻找答案的方式称为思辨——思考和辨析。用思辨代替实证是早期的哲学家们最普遍的一种思维模式。

亚里士多德的证据

但是，想要寻找这个世界的真相，仅有思辨是不够的。缺乏证据，是毕达哥拉斯球形大地说最大的软肋。在毕达哥拉斯死后 100 多年，一个叫亚里士多德（Aristotle，公元前 384—公元前 322）的哲学家突然站了出来，再次向世人宣称大地是球形的。他的观点在知识分子的圈子中引起了巨大的反响，不仅因为他有着很高的声望，最重要的是，亚里士多德提出了三个重要的证据。

第一个证据：如果你在海边看着一艘帆船远离你而去的话，你总是会先看到船身消失，然后再看到桅帆消失，而不是看到它们同时缩小成一个越来越小的点最后看不见。反过来，当帆船向你驶来的时候，你总是先看到桅帆，再看到整个船身。

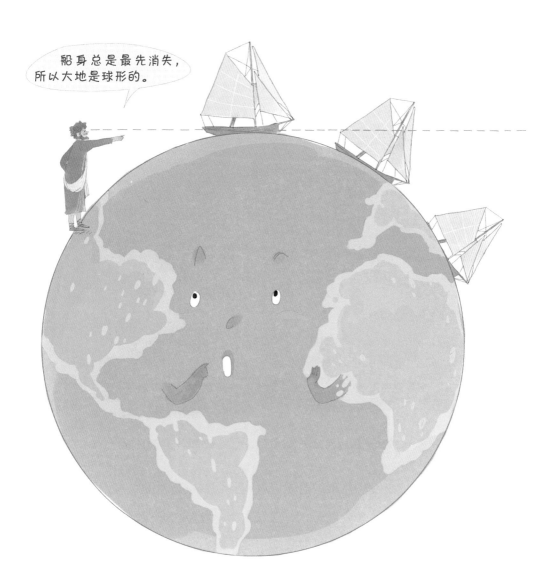

在海边看着一艘帆船远去，你总是会先看到船身消失，然后再看到桅帆消失

第二个证据：在晴朗的夜晚，如果朝北极星的方向一直走的话，就可以观察到身后有一些星星逐渐消失在地平线上，而前方总是会慢慢升起另外一些星星。

亚里士多德认为大地是球形的，这是他的第二个证据

第三个证据：当发生月食的时候，我们会看到月亮慢慢地落入地球的影子中去，而阴影的边缘是一条弧线，这是大地是球体的最好证据。

亚里士多德提出的这三个证据在知识分子圈引起了很大的反响，同时也引发了激烈的辩论。反对者针对这三个证据也提出了反驳。

针对帆船消失的问题，有人就提出，或许海面上的空气密度和透明度是随着高度而变化的。船开到了远处，下面的空气重，透明度没有上面的空气好，所以我们就看到船从下往上逐步消失，其实这只不过是空气给我们

亚里士多德的第三个证据

变的一个魔术而已。

针对星星与地平线的高度差问题，在当时很难得到实证，因为光靠两条腿走路，那速度实在是太慢了，想要体会到星星与地平线的高度差，着实不容易。也有人怀疑，亚里士多德观察到的高度差异说不定是地平线的微小起伏造成的，就好像是一张纸上也会有一些褶皱。

而对于第三个证据，争议就更大了，因为这关系到月食的成因问题。亚里士多德的老师柏拉图就认为月亮是自己发光的，地球的影子不可能影响到月亮的光辉，要解释月食现象需要用到其他的理论，比如，说不定月亮自身就有一个类似遮罩这样的结构，时不时地就会在月亮的表面出现呢。

俗话说，真理越辩越明。亚里士多德有一句名言："吾爱吾师，但吾更爱真理。"他是第一个通过实证而不是思辨的方式去思考大地形状的人，他提出的三大证据在我们今天看来都确凿无疑。但是，在 2000 多年前的古希腊，人们依然不能接受大地是球体的论断。哪怕是创造了辉煌灿烂文明史的中国人，一直到清朝，都依然坚守着天圆地方的"常识"。并不是古人的智商普遍比我们现代人低，事实上，人类的智商在 5000 多年中并没有明显的提升，现代人的"聪明"只是我们的知识积累和教育水平在提升带给人们的假象。

古代的先哲们很难接受大地是球形的这个客观事实的真正原因，依然是那个让毕达哥拉斯也想不通的问题：如果地球真的是球形的，那么为什么我们不会走着走着就脚朝上头朝下而"掉下去"呢？我想再三提醒你们，这并不可笑，它是一个非常严肃的问题，以至于在此后的 2000 年中，有多少聪明无比的古代科学家都被这个问题折磨一生，他们的常识（上下观念）和观测到的证据（大地是球形的）产生了严重的矛盾。直到一个叫牛顿的惊世天才的出现，才结束了他们的梦魇，让他们再也不会在噩梦中"掉下去"了。关于牛顿的故事，我们后面还会详细说。

思辨不能取代实证

在我国古代，主要流行着三种关于天地结构的思想，分别是盖天说、宣夜说和浑天说。

盖天说认为天圆地方，这也是中国最早的有关天地结构的文字记录，它最符合人们的直观视觉体验。全世界人民最初的想法都是一样的。

盖天说认为天圆地方

宣夜说认为，天就是由无尽的气组成的，日月星辰全都飘浮在无边无垠的气体中。

浑天说则是中国古代流传最广、影响最深的一种天地观。张衡在《浑天仪注》这本书中这样写道："浑天如鸡子，地如蛋中黄，孤居于内，天大而地小。"如果用一幅图来表示浑天说，就是下面这样：

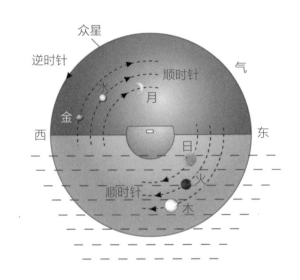

浑天说

从这幅图我们可以看到，大地是漂浮在水面上的一个半球形，水面上的部分是平的，水面下的部分是个半球形，日月星辰绕着大地旋转，日月星辰时而挂在天上，时而落入水下。是的，古代中国人确实认为日月星辰都是可以在水中穿梭的。

通过前面内容的学习，我想你应该能看出来，虽然浑天说看上去好像更接近真实的情况，但其实，我国古代的这些学说从本质上来说并无高下之分，因为它们都是思辨的产物，与毕达哥拉斯的思考方式是一样的。

从亚里士多德开始，人类当中的一小部分智者终于开始意识到，要发现大自然的真相，光靠脑子想是不够的，一定要亲自动手动脚，通过细致的观察寻找证据，这样才能真正发现自然的真相。

球形大地说和平形大地说在此后的 1500 多年中,依然处于争辩不休中。但是，实证思想一旦开启，人类就会向着正确的方向前进，不可能再回头了。越来越多的人开始认识到仅仅有思辨是不够的，比思辨更重要的是找到证据，在这种思想的指引下，大地是球形的证据也接二连三地出现。

到了 1522 年，著名的麦哲伦船队终于完成了环球航行的壮举。他们从西班牙出发，在大海上朝着太阳落山的方向一直航行，终于在 3 年后又回到了出发地，完美地证明了大地是球形的。自此，从古希腊时代就开始争论的大地形状的问题，人类经过了大约 2000 年的努力，才终于有了一个定论。

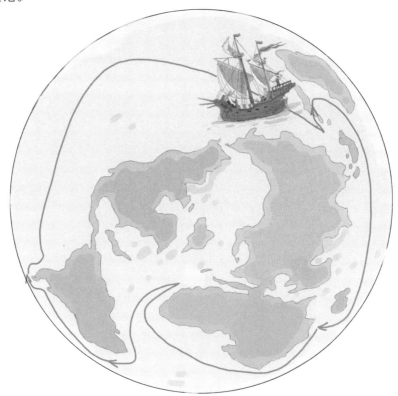

麦哲伦船队完成环球航行，完美地证明了大地是球形的

希望本章的故事让你记住的科学精神是：

思辨不能取代实证。

我们用眼睛很难发现大地是球形的，同样的道理，我们用眼睛也很难发现：不是太阳绕着地球转，而是地球绕着太阳转。那你知道人类又是如何发现地球绕着太阳转这个事实的吗？请看下一章。

思考题

假如你现在穿越回古代，要向古人证明"空中"并不是空无一物，而是充满了气体，你能举出什么样的证据呢？

第 2 章

日心说与
地心说之争

行星的奇怪运动路径

今天，我们人人都知道地球绕着太阳转，太阳才是太阳系的中心。可是，我问你，这个知识你是怎么知道的呢？你肯定会说，是从课本上学来的。但是，假如你面前有两种课本，一本说地球绕着太阳转，另一本说太阳绕着地球转，那你会相信哪一个说法呢？

地心说和日心说斗争了上百年

实际上，四五百年以前，在欧洲各国的大学中，就有着这样两种课本，一种教授托勒密的地心说，另一种教授哥白尼的日心说。这两种教材长期共存了上百年，托勒密的地心说教材才逐渐退出了历史舞台。可见，关于地球和太阳到底是谁绕着谁转的问题，并不是那么显而易见的。

哥白尼的日心说是如何击败了托勒密的地心说，成为今天小学课本上的知识的呢？这就是我今天要给你讲的故事。

太阳绕着地球转最符合我们的直观感受，人人都知道太阳每天东升西落，所以，古人认为太阳绕着地球转是天经地义的，根本不需要争论。我

古人认为太阳绕着地球转是天经地义的

想，如果把你放到古代，你每天早上看到太阳从东方升起，傍晚从西方落下，一定也会本能地得出太阳绕着地球转的结论吧？古人不仅认为太阳绕着地球转，还认为所有的天体也都绕着地球转，因为天上的星星大体上也是每天晚上从东方地平线升起，清晨消失在西方地平线下。

但是，这个朴素的想法也遇到了一个不小的麻烦，人们发现，金木水火土这五大行星并不是像太阳那样每天很有规律地按时东升西落，而是经常会前进或后退。最典型的就是火星了，它虽然总体上看上去是绕着地球转，但时而会后退，时而又像是停在原地不动了。这个奇怪的现象一度困扰了古人很久，后来，聪明的古希腊哲学家阿波罗尼想出了一个解决方案。

他说，行星运动的轨迹是一个个的轮子。首先，每个行星本身都在绕着一个中心点做着匀速圆周运动，这个运动的轨迹形成的轮子叫作"本轮"；而本轮的中心点又在绕着地球做着匀速圆周运动，这个中心点的运动轨迹形成的轮子叫作"均轮"。有了本轮和均轮，就能解释行星在天上奇怪的运行轨迹了。

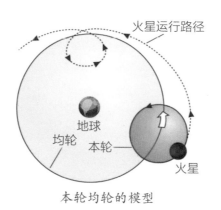

本轮均轮的模型

可以说，本轮均轮的模型奠定了古代天文学的基础，有了这个基础，才有了后来一位罗马帝国天文学家的杰出成就，这位天文学家叫克罗狄斯·托勒密（Claudius Ptolemaeus，约90—168）。

古代天文学之大成

托勒密的祖籍是希腊，他深受古希腊文明的熏陶，精通古希腊人发展出来的天文学、数学、哲学、物理等学科。他本人是罗马帝国的公民，生活在亚历山大城。托勒密一生痴迷天文学，并且是真正的实干派，醉心于天文观测。他的观测室中摆满了别人或者他自己发明的各种天文观测仪器。

托勒密一生痴迷天文学

每到晴朗的夜晚，托勒密总是会聚精会神地观测行星的运动，认真测量并记录各种数据。除了观测，托勒密对前人的理论也是如数家珍。但是，他对天体运动的观测越深入，就越是对前人的理论感到不满，他有一种迫切的使命感，觉得非常有必要总结前人的所有理论，然后再结合自己的实际观测数据，完成一部古往今来集大成的天文学著作。

托勒密思考的首要问题是：日月星辰每天都要"东升西落"，这是所有天体最大的共同规律，造成这个现象的数学原理到底是什么呢？托勒密查遍典籍，按照最"正统"的理论，发现原因是所有的天体都在一个每天转一圈的"同心球"或者"本轮"上。他也查到了一些前人的不同见解，尤其是一个叫阿里斯塔克斯（Aristarchus，约公元前310—公元前230）的古希腊天文学家、数学家的大胆观点引起了托勒密的特别注意。

阿里斯塔克斯认为，日月星辰之所以会每天东升西落，原因很简单，那就是我们的大地，也就是"地球"每天都要自转一周，从我们的角度看过去，就变成了日月星辰每天绕着我们转了一周。然而，阿里斯塔克斯却提不出什么证据来佐证他的这个观点。之所以会有这样的观点，完全是出于一种数学考虑，他认为如果用地球自转来解释日月星辰的视运动是最简单和谐的。

讲到这里，你或许会想，这么聪明的托勒密为什么会想不到日月星辰绕着地球转是地球的自转造成的视觉现象呢？这个你就小看古人了，实际上，古人一点儿都不傻，他们的智商与现代人没有什么根本的差别，如果把托勒密放到现代，他没准儿就能得个高考状元呢！不光是托勒密，还有别的古希腊哲学家也都想到过地球自转的可能性，因为用地球自转来解释日月星辰每天绕着地球转一圈是最简单明了的，托勒密也完全能想到。

但是，托勒密却怎么也想不通另一个问题。如果脚下的大地一直是在转动的话，那么天上的云彩为啥不会集体向西飘去呢？再比如，我们向上扔起一块石子，总是会落回到我们的手上，如果我们是随着大地一起转动的话，那么抛出去的石子在落回来的时候，肯定要往西偏一个角度了。正因为这些问题都找不到合理的解释，托勒密才无法接受地球自转的观点。在他那个年代，托勒密的思考完全是合乎逻辑的。这个问题在托勒密去世后又过去了1500多年，才被伽利略解决，我们今天都知道，这是因为物体有惯性。

托勒密耗费了毕生的心血，终于在晚年时完成了地心说模型。托勒密详细描述了宇宙的结构、日月星辰如何运动。最厉害的是，托勒密给出了日食、月食的计算方法，用这套方法就能比较准确地预报何时会发生日食、月食，持续多久会结束，也能基本准确地预测五大行星的运动轨迹。

阿里斯塔克斯认为日月星辰每天东升西落，是因为地球每天都要自转一周

托勒密怎么也想不通的问题

　　托勒密的地心说模型就是天文学史上第一本正统的教科书，也是之后1300多年中唯一的一本教科书。所以，你以后听到托勒密的地心说，可不要再觉得是愚蠢的，它可厉害着呢！可不仅仅是"地球是宇宙的中心"这样一句话就能概括的，书里面可是有着令人眼花缭乱的数学计算的。

哥白尼单挑托勒密

光阴荏苒，岁月如梭。1300 年，对于宇宙来说，那只是一瞬间，但对于人类来说，却是生生死死几十代，数个王朝兴亡更替。欧洲终于结束了漫长而黑暗的中世纪，思想文化启蒙运动席卷了欧洲大陆，史称"文艺复兴"。在波兰的佛龙宝大教堂，有一位叫哥白尼（Nikolaj Kopernik，1473—1543）的神父正在孜孜不倦地刻苦钻研天文学。

托勒密的学说早就被哥白尼啃得连渣都不剩了，但哥白尼并不觉得很爽，相反，他对托勒密的学说非常不满。为什么呢？因为在托勒密的理论中，本轮和均轮加起来一共是 80 多个轮子，早就有人吐槽说，托勒密的模型就好像是大跳蚤背着小跳蚤，而小跳蚤又背着更小的跳蚤，直至无穷。而且，更闹心的是，都已经搞出那么多轮子了，计算已经如此之复杂了，计算结果与实际的观测却还总是对不上，差几小时那都算是很不错了，有时候甚至会差好几天。

于是，哥白尼下决心要改进托勒密的模型。其实有一个现成的好方案，那就是让地球每天自转一圈，并且把太阳放到宇宙的中心位置。这样一来，计算就会变得简单许多，本轮和均轮的数量一下子就能减少 50 个。哥白尼的伟大之处并不在于他想到了前人从未想到过的模型，日心说其实并不新

有人吐槽托勒密的模型就好像是大跳蚤背着小跳
蚤，小跳蚤又背着更小的跳蚤，太复杂，且误差大

鲜，在哥白尼之前已经有很多人都想到了。

阻止人们接受日心说的原因，除了我前面讲的那些困扰托勒密的问题，还有另外一个更加重要的原因——《圣经》的权威性。在《圣经》中有一段经文清清楚楚地记载了上帝的化身耶和华命令太阳暂停一下，意思是说，太阳、月亮原本是绕着地球转动的，才需要被上帝命令暂停一下。如果是地球绕着太阳转，那么上帝就得命令地球暂停一下才对。那时候的人们崇

在中世纪的欧洲，宗教裁判所拥有无上的权威

拜和信仰《圣经》，认为它是至高无上的，既然《圣经》中都说了是太阳在动，谁还敢不信呢？在中世纪的欧洲，宗教裁判所的权威，那可是比任何法院都要大得多，它可以轻易地剥夺一个人的生命。在那种社会环境中，任何与《圣经》相悖的思想都是大逆不道的，别说是写出来了，连想都不能去想，《圣经》是中世纪天文学发展的最大阻碍。

大家可别忘了，哥白尼自己就是一个神父，他要冲破《圣经》，需要多么巨大的勇气啊！实际上，他思想斗争了10多年，直到41岁时才下定决心，要冲破思想的牢笼。他最终用了30多年才完成了天文学史上具有革命性质的著作《天体运行论》，这是一道划破黑暗的闪电，是思想解放的赞歌。

哥白尼日心说的总体图像

这部书总共分为六卷，第一卷是全书的总论，阐述了日心说体系的基本观点。在该卷的第十章中，他绘出了一幅宇宙总结构的示意图，这幅图清楚地表明了哥白尼日心说的基本观点。第二卷应用球面三角解释了天体在天球上的视运动。第三卷讲太阳视运动的计算方法。第四卷讲月球视运动的计算方法。第五卷和第六卷讲行星视运动的计算方法。

《天体运行论》是一部厚厚的大部头著作，它不是仅仅阐述了一些思想，画了几个模型而已，而是有严格的数学论证和定量计算方法的。也就是说，学通了《天体运行论》，就可以计算天上的星星在未来任意一个时刻的位置，精确地预报日食、月食。这套计算方法比托勒密的方法简洁得多，而且精度更高。

思想不能有禁区

你可能很难想象，在人类历史上的绝大部分时间，每个人能想什么、不能想什么都有着严格的限制。比如说，在欧洲，曾经有过1000多年的中世纪时代。在那个时代，人人都被要求信仰上帝，每个人都必须无条件地相信《圣经》中记录的每一个字。《圣经》说上帝用7天的时间创造了世界，人们就不应该再去思考"世界是怎么来的"这个问题。

好了，希望本章的故事让你记住的科学精神是：思想不能有禁区。科学精神中一个很重要的原则，就是承认自己有可能犯错，没有绝对的正确。如果你听到有一位"大师"说他自己已经看破了宇宙的玄机，或者发现了自然的终极奥义，建议你无视他。

不过，哥白尼的日心说也无法令人完全满意，因为它的模型依然保留了本轮和均轮，加起来还是有34个之多，虽然比托勒密的模型大大减少了，但计算起来仍然是极为烦琐的，而且计算值与观测值还有着不小的出入。正所谓长江后浪推前浪，在哥白尼去世28年后，一位德国天文学家出生了，他最终完成了对日心说的完美修补。那么他是谁呢？请看下一章。

世界是怎么来的？

思考题

自古以来，不同的宗教、神话传说都对宇宙有过不同程度的描述，请你想一想，哥白尼研究宇宙的方法与宗教、神话传说有什么不同呢？

扫码观看
本章视频

第 3 章

天空
立法者

第谷的临终托付

公元 1601 年深秋的一天，这是哥白尼去世后的第 58 年，30 岁的约翰内斯·开普勒（Johannes Kepler，1571—1630）正急匆匆地赶往他的老师第谷的家中。据下人来报，第谷突发急病，快不行了，他指名要见开普勒，似乎有什么极为重大的事情要交代给开普勒。

开普勒的老师第谷也是天文学史上一位非常著名的人物，他跟托勒密一样，一生痴迷天文观测，比托勒密幸运的是，他得到了丹麦国王的资助。国王赏给他一座小岛和一大笔钱，让他在岛上建造了很可能是当时全世界最好的天文台，制造了世界上最好的天文观测仪器。这些仪器倒不是望远镜，第谷生活的那个年代望远镜还没发明呢，这些仪器是用来帮助肉眼给天上的星星定位用的。

第谷在小岛上一住就是 21 年，要不是国王去世，他失去了经济来源，估计他会终生在岛上观测星星。21 年如一日的观测，让第谷拥有了当时世界上最齐全、精度最高、时间跨度最长的恒星和行星的观测数据，第谷将它们视为生命一般。

在第谷生命即将走到尽头的时候，他匆忙叫来了自己的学生开普勒。他要托付什么东西给开普勒呢？原来，第谷把凝结了自己毕生心血的观测资料

第谷靠丹麦国王的资助，建造了当时全世界最好的天文台

第谷临终把观测资料托付给开普勒

都交给了开普勒，希望他能继承自己的遗志。那他为什么选中了开普勒呢？

　　这位开普勒先生可不一般，让我先给你介绍一下这位天文学历史上的奇才。开普勒是典型的苦孩子出身，家境贫寒，但如同大多数文艺作品中的励志故事一样，穷苦的开普勒一路靠着奖学金念到大学毕业。他是个数学天才，脑子非常好使。与哥白尼颇为相似的是，他大学的专业也是神学，但是却痴迷天文学。不过，上天似乎有意刁难这个苦孩子，喜爱天文的他居然视力极为糟糕，而且年龄越大越糟糕，所以，高度近视的开普勒与天文观测基本无缘了。但恰恰是这个弱点，成就了开普勒的传奇，正因为他无须整夜整夜地趴在楼顶上看星星（其实不是他不想，确实是心有余而力不足），他反而获得了整夜整夜地趴在书桌上算来算去的时间。别人用眼睛来研究天上的星星，开普勒只需要别人的观测记录，再加上纸和笔，就足够了。

开普勒（Johannes Kepler，1571—1630），德国杰出的天文学家、物理学家、数学家

　　开普勒拿到他老师第谷的宝贵资料时，刚好 30 岁整。接下来的 8 年，他全力以赴地投入对火星的研究中。他夜以继日地画啊，算啊，终于迎来了突破，行星运动规律的秘密被开普勒揭示了出来，人类得以第一次真正意义上窥视到了宇宙的奥义。1609 年，他出版了《新天文学》一书。8 年的艰辛求索，最后凝结成了两个简洁无比的定律，它们就是开普勒第一定律和第二定律。

开普勒第一定律

行星绕日运行轨道是一个椭圆，太阳位于其中的一个焦点上。

大家可千万别小看这个看似简单的第一定律，人类要跨越到这一步可不简单，同样要冲破一些思想上的枷锁。在哥白尼的模型中，之所以还有那么多的本轮，最重要的原因就是哥白尼恪守着一个他认为必须遵守的原则，那

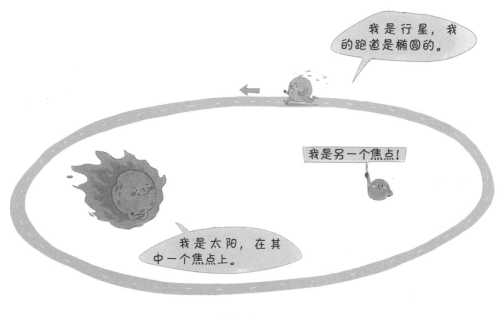

开普勒第一定律

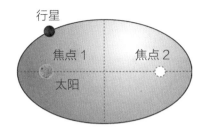

就是从古希腊时代传承下来的和谐与完美的原则。哥白尼实际上也发现过，如果把均轮改为椭圆，就可以简化计算。但是，哥白尼坚信，神圣的自然法则一定是完美的。在他看来，只有正圆才是完美的，椭圆是他无法接受的。这种完美主义的思想是那个时代的神学家、哲学家和天文学家普遍持有的执念，注意啊，那个时代还没有现代意义上的科学家，因为现代科学思想正在启蒙，还没有真正诞生。

但是呢，就是在这样的环境下，开普勒冲破了思想的枷锁，丢掉了完美主义的执念，把事实摆在了第一位，不给自己预设各种所谓的"原则"。

开普勒第二定律

在相同的时间内，行星到太阳的连线扫过的面积相等。

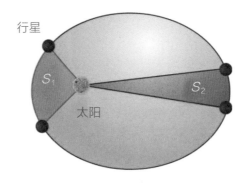

换句话说，这个定律表达的是，地球距离太阳越近，运动得就越快，反之则越慢。你看，这又是打破哥白尼完美思想的一个定律！哥白尼和托勒密都坚持认为，只有匀速圆周运动才是神圣而完美的，所以，他们宁可多画很多个本轮，也要恪守着这一原则。

但是，开普勒冲破了思想的枷锁，无论用什么样的词语来赞美开普勒的这两个伟大发现都不为过。这是人类第一次真正揭开天体运行的奥秘。开普勒以一人之力，把人类的智慧扩展到了地球以外的世界，他当然可以称得上是人类的英雄。

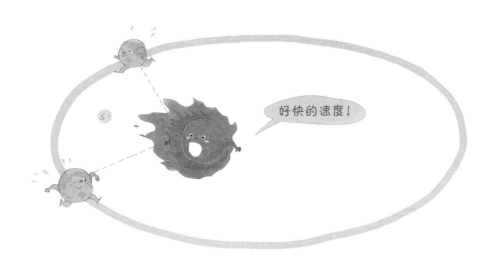

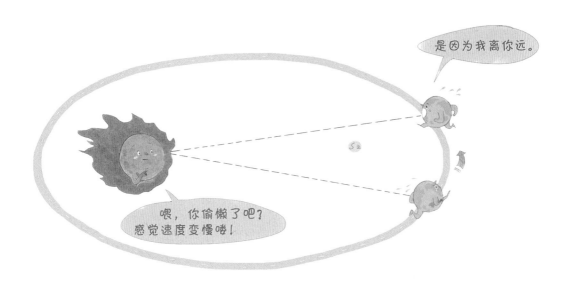

地球距离太阳越近，运动得就越快，反之则越慢

有了开普勒的这两个定律之后，仅仅需要用 7 个椭圆（金、木、水、火、土、地球、月亮的运动轨道）就足以取代哥白尼的 34 个轮子，计算起来不但简洁明了，而且精度大大提高。在我们现代人看来，这才是真正的宇宙和谐之美啊！

　　此时的开普勒刚刚年满 38 岁，正当壮年，他当然不会就此停止探索的脚步。在他 20 多岁时，他就坚信行星到太阳的距离之间一定存在着某种神秘的联系。他当时有一个奇思妙想，说世界上只有五种正多面体（正四面体、正六面体、正八面体、正十二面体和正二十面体），而天上刚好也只有五颗行星，这必然不是巧合，宇宙一定是按照正多面体的方式来一个个地安排五大行星的位置的。当然，开普勒很快就抛弃了这种硬凑的想法，但是他依然坚信行星的位置有规律可循，绝不是随意的。他又踏上了新的求索之路，这一走可就是整整 10 年。

　　开普勒是学术上的幸运儿，却是生活中的苦命儿。在 38 岁到 48 岁的这 10 年间，悲剧屡屡降临到开普勒的头上。先是工作单位总是发不出工资，然后又丢了工作，家里揭不开锅，接着儿子和妻子相继病逝，然后又被迫迁徙，再婚。一连串的生活变故接踵而至，让开普勒疲于奔命，但他心中那团对天文学的热情之火却从未熄灭，一有时间，他就会拿起纸笔，开始演算。在遭受了不计其数的失败之后，皇天终于不负有心人，1619 年，行星运动的第三个定律被开普勒奇迹般地发现。说它是奇迹，在我看来，一点儿都不夸张，因为第一和第二定律看上去并不是那么惊世骇俗，还是比较直观的。但是这个第三定律却不一样，它的内容就足以让人大为惊诧。我真是忍不住惊叹，开普勒到底是怎么发现的？从成千上万的数据中找出这样的一个规律，除了需要勤奋之外，绝对还需要一些神奇的第六感之类的天赋异禀。让我们来看看第三定律的内容。

皇天终于不负有心人，1619 年，行星运动的第三定律被开普勒奇迹般地发现

开普勒第三定律

　　行星绕太阳公转周期的平方与轨道椭圆长半轴的立方成正比。

　　注意，在这个定律中的公转周期是一个时间变量，而长半轴则是一个长度变量。我来给你解释一下，这个定律是说，行星绕太阳转一圈的时间各不相同，有长有短，但是这些时间的数值比例与它们到太阳的距离有映射关系。这些关系式中既有平方，又有立方，并不直观，但居然就被开普勒给发现了。

　　实际上，对于预测天象来说，有第一、第二定律就已经足够了。那这第三定律又有什么用处呢？大有用处啊，它能计算出行星离我们有多远。我来给你举个例子，比如现在我们假设地球到太阳的距离是 1 天文单位，我用 1AU 来表示，我们又知道地球绕太阳一周是一年。现在，通过观测火星的位置，我们可以得出火星绕太阳一周需要 687 天，差一点儿不到 2 年。但为了便于打比方，我们权当就是 2 年吧。

　　好，根据开普勒第三定律，火星公转周期的平方与地球公转周期的平方之比，等于两星到太阳距离的立方之比，那假设火星到太阳的距离是 x，那么方程式就很简单了：

$$\frac{x^3}{1^3} = \frac{2^2}{1^2}$$

经过整理，我们就可以得到：

$$x^3 = 4$$

用计算器一算，我们就可以得到：

$$x \approx 1.59 \text{AU}$$

就是说，火星到太阳的距离是地球到太阳距离的约 1.59 倍。用同样的方法，只要把五大行星的公转周期测量出来，那么距离就全都可以计算出来了。当时的天文学家们认为，太阳系就是整个宇宙，因此知道了太阳系的大小，就等于知道了全宇宙的大小。你想啊，人类连宇宙的大小都有能力推算出来了，这个用处已经大到不能再大了，不是吗？

开普勒第三定律用处大

不过，你可能看出来了，这里面有一个关键的数据，就是日地距离，也就是1AU。那这到底是多长呢？如果不知道这个数据，那么一切都白搭。如果能把这个数据搞清楚，那么宇宙也就没有秘密了，至少当时的人们是这么认为的。因此，在此后的几百年间，1天文单位的值就成了天文学第一问题，一代又一代的天文学家为攻破这个难题，呕心沥血，前赴后继，甚至丢掉性命，这当然是后话了。

AU 是解开宇宙秘密的关键

汪诘少儿科学思维培养书系

不要预设教条

希望本章的故事让你记住的科学精神是：

永远把事实摆在第一位，不要给自己预设教条。

从古希腊时代的毕达哥拉斯一直到哥白尼，他们心目中都有一个完美和谐的宇宙。但是，这其实是一种执念，也是一种教条主义。因为宇宙的完美和谐并不可以被人为定义，他们所谓的完美和谐不过是他们自己主观感受的完美。大自然有它自己的规律，在宇宙面前，人类只能谦卑地去认识规律，而不是去定义规律。

古代中国人能通过对自然界的朴素观察，总结出抽象的阴阳五行学说，然后又可以用阴阳五行之间相生相克的规律来指导吃、穿、住、行、医，这是非常了不起的一种智慧，也代表着中国古代悠久、灿烂的文明。但是，随着人类认识世界能力的不断提高，我们逐渐发现，这个世界好像再也无法简单地用阴阳五行去划分了。比如说，以前我们认为太阳的反面是月亮，是因为古人看到太阳和月亮差不多大。现在知道，原来月亮跟太阳相比，实在小得不值一提，太阳要比月亮大好几千万倍。太阳系的行星除了金星、木星、水星、火星、土星，还有天王星、海王星等，地球也是一颗普通的行星。这就说明人类观测到的事实已经不再是古人以为的事实了，这就需要现代人重新以事实为依据，不能死守着阴阳五行理论。

为什么行星的轨道不是正圆而是一个椭圆呢？为什么公转周期与距离有这种奇怪的数学关系呢？科学精神驱动着人们继续追问为什么，一层层地追问下去，永不停止。那咱们下一章揭晓答案。

古代中国人用阴阳五行之间相生相克的规律来指导吃、穿、住、行、医，这是非常了不起的一种智慧

思考题　　中国古人还有五脏、五色、五味、五气的说法，请你先通过网络查找出它们的含义，然后思考一下这些说法与事实是否相符。

第 4 章

四条原理
统领宇宙

一个椭圆

上一章我们说到，开普勒提出了著名的天体运行三定律，从此人类可以精确地预测太阳、月亮以及五大行星在任意一个时刻的位置，这是一项非常了不起的成就。然而，人类的好奇心并未就此打住，我们想要知道：天体的运动规律为什么会是这样的呢？

1684年8月的一天，英国科学家艾萨克·牛顿（Isaac Newton, 1643—1727）正在家中看书，忽然，响起了敲门声。牛顿起身打开门，只见一位年轻帅气的小伙毕恭毕敬地站在门外。牛顿认出来了，他是哈雷博士（Edmond Halley, 1656—1742），这几年在英国科学界的名气越来越大。牛顿把哈雷迎进屋，两人愉快地攀谈起来。

谈了一会儿，哈雷博士向牛顿提出一个问题，其实，这才是他此行的真正目的。哈雷博士问道："艾萨克爵士，如果太阳对行星的引力与它们之间的距离的平方成反比，那么请问，行星的运动曲线会是什么样的呢？"

哈雷原以为牛顿会思考一阵子再给出答案，令他没有想到的是，牛顿立即回答道："一个椭圆。"

哈雷一听，又高兴又惊讶，继续问道："您是怎么知道的呢？"

牛顿回答道："我用数学推导出来的。"

牛顿与哈雷相谈甚欢

　　哈雷丝毫不怀疑这位剑桥大学卢卡斯数学教授的数学能力，他恳求牛顿把推导的过程告诉自己。牛顿没有拒绝，但他在自己的稿纸堆中翻找了一阵子，两手一摊说："唉，不知道放哪里去了。不过这很简单，我回头重新写一遍推导过程寄给你就好。"

《原理》横空出世

哈雷很高兴地回去了，然后没事就给牛顿写封信催促一下。在哈雷的催促下，牛顿打算很正式地写一篇论文寄给哈雷。但是，令牛顿自己也没有想到的是，他在写这篇论文的过程中，突然来了兴趣，打算把自己这么

牛顿写出了人类科学史上里程碑式的巨著——《自然哲学的数学原理》

多年来的研究成果好好整理一下。这一整理，就是两年。牛顿闭门不出，潜心写作，最终完成了人类科学史上里程碑式的巨著——《自然哲学的数学原理》，它也常被简称为《原理》。

今天，无论我们怎样赞美这本巨著都不为过，《原理》的诞生标志着我们今天称为"科学"的思维模式正式从哲学思辨中脱离出来，成为一种全新的思维模式，从此，我们对大自然的思考不再停留在哲学思辨上，而是用数学加以定性和定量。

在史前时代，人类对天地结构的认识靠的是幻想，而古希腊的毕达哥拉斯从幻想跨越到思辨，亚里士多德则从思辨跨越到实证，再后来，人类又从实证跨越到拟合（拟合的意思就是用数学模型来模拟天体的运动，使之符合实际的天象），这种拟合的思想在开普勒的模型出现后，达到了顶峰。而牛顿，则从拟合跨越到原理阶段，牛顿要回答的是：为什么日月星辰的运动符合开普勒的模型？

这一跨越是人类文明的一大步，假如有一个外星文明要把地球文明史划分成两个阶段的话，那么最有可能的分法就是"《原理》前"和"《原理》后"。

那么牛顿到底提出了哪些原理呢？其实说多也不多，牛顿一共提出了四条宇宙中最基本的原理，大自然中的一切运动，包括日月星辰的运动，全被这四条原理统领。因此，作为一个现代人，你必须要了解这四条原理，它代表着人类文明的里程碑。

远古人　　　毕达哥拉斯　　　亚里士多德

汪诘少儿科学思维培养书系

人类对大自然的认知，从史前时代的幻想到牛顿时代的定量，是不断进步的

牛顿三定律和万有引力

第一条原理，也被称为牛顿第一运动定律：

物体将一直保持静止或匀速直线运动状态，直到有外力改变它。

这条原理告诉我们，物体的运动实际上不需要力，力只是改变物体运动状态的原因。在一个完美光滑的平面上，你推动一个小球，这个小球就会一直滚动下去，直到有外力让它停下来。这条原理有一些反直觉，在日常生活中，我们总觉得要有力的参与，物体才能保持运动状态。实际上，那只不过是摩擦力、空气阻力等给我们造成的假象而已。

在光滑的平面上推动小球，这个小球就会一直滚动下去

第二条原理，也被称为牛顿第二运动定律：

物体的加速度与它的质量成反比，与它受到的力成正比。

这条原理告诉我们，如果我们用一个恒定的力推动一个物体，这个物体的质量越大，那么它的速度变化得也越缓慢；如果我们加大推动力，则推动力越大，物体的速度变化也越快。这条原理可以用一个非常简洁的数学公式来表达，就是 $a=F/m$，它表示物体运动速度的变化率（加速度）等于施加的力除以物体的质量。这条原理倒是完全符合我们的生活经验。

物体的加速度与它的质量成反比，与它受到的力成正比

第三条原理，也被称为牛顿第三运动定律：

任何一个力都会产生一个大小相等、方向相反的反作用力。

这条原理告诉我们，在这个宇宙中没有凭空产生的力，必须要有两个物体相互作用才能产生力。当我们一拳打到别的物体上时，物体受到拳头的打击力的同时，也会给我们的拳头施加一个同等大小但方向相反的力，所以我们的拳头会感到疼痛。

物体受到手的打击力的同时，也会给手施加一个同等大小但方向相反的力

第四条原理，也被称为万有引力定律：

 宇宙中任何有质量的物体均会互相吸引，引力的大小与两物体的质量成正比，与它们之间的距离的平方成反比。

这条原理告诉我们，你只要坐在这里，不管你喜不喜欢，都会吸引周围的所有东西，比如墙壁、天花板、电灯、猫、狗等，它们也同时在吸引着你。物体之间的距离假如增加到原来的 2 倍，那么它们之间的引力就会减弱到原来的 1/4。这个原理可以用一个公式来表达：

$$F = G\frac{M_1 M_2}{R^2}$$

在这个公式中，F 代表引力的大小，M_1 和 M_2 代表物体的质量，R 代表物体之间的距离，而这个 G 则是一个固定的数值，但为什么我们不把这个数值写出来，而要用一个 G 来表示呢？很简单，就好像圆周率我们要用 π 来表示一样，因为它的数值是 3.141 592 653 589 793 238 462 643 3……永远也写不到头。在物理学中，我们把这种固定的数值称为常数。我们现在只知道万有引力常数 G 是一个介于 6.673 77 和 6.674 39 之间的数字，这个数字到底是多少？是一个固定的数字，还是一个无限不循环小数呢？甚至有科学家认为这个数字会随着宇宙年龄的增大而变化，但很遗憾，我们目前并不清楚 G 的确切数值，它依然是宇宙留给我们的一个未解之谜。

天体物理学

　　牛顿就是用这四条最基本的原理，用严格的数学推导，证明了行星绕着太阳公转的轨迹必然是一个椭圆，而且，开普勒的两条定律也都可以从这四条原理中自然而然地推导出来。换句话说，千百年来，无数的天文学家用毕生心血观测记录着日月星辰的运动，一遍又一遍地修改着天体运动的模型，就好像是一场持续 1000 多年的接力赛，直到开普勒接棒才终于揭示了天体运动的规律。

　　但是，伟大的艾萨克·牛顿爵士，只需要坐在书桌旁，不需要任何观测资料，仅仅凭借着四条基本原理，一支笔一张纸，就能计算出日月星辰的运动规律，揭开宇宙的奥秘。这样的场景，想想都令人感到迷醉啊，这就是原理的力量，这就是知识的力量！

　　从此，天文学从以观测为主、计算为辅迈入一个以计算为主、观测验证的全新时代。牛顿开创了一门崭新的学科——天体物理学，这门学科在 1846 年 9 月 23 日迎来了它最为辉煌的一刻。那一天，德国柏林天文台台长伽勒收到一封陌生人的来信，信中这样写道：尊敬的台长，请将望远镜对准摩羯座 δ 星之东约 5 度的地方，你就能找到一颗新的行星。

　　伽勒大吃一惊，这简直就像是一封天外来信啊！连收到的时间都像是被精心设计过。伽勒和助手们依照这封信开始了观测，一切都精确得令人难以置信。几天后，伽勒向全世界宣布：那颗影响了天王星的未知行星找到了，它被命名为海王星。

　　一个月后，当伽勒站到寄信人勒威耶面前时，又大大地吃了一惊 —— 居然是一个 30 岁出头的年轻人，还带着羞涩腼腆的笑容。伽勒冲上去给了他一个拥抱，吓了小伙儿一大跳。伽勒问他是如何发现海王星的，勒威耶拿出了厚厚一沓稿纸，说："喏，就是这样啊，我用纸笔计算了好多年。"伽勒在看完小伙子的计算稿后不禁大为叹服，一共是 33 个联立方程组。伽勒几乎用了一辈子在望远镜中寻找海王星，但一直未果，没想到这个年轻人仅仅用纸笔就战胜了自己的设备和经验。这是牛顿原理的伟大胜利，也是人类天文学历史上的光辉一刻。事实证明，四条原理统领着我们的宇宙。

伽勒与勒威耶

汪诘少儿科学思维培养书系

宇宙可以被理解

希望本章的故事让你记住的科学精神是：

所有的物理现象背后均有原理，宇宙是可以被理解的。

在宇宙面前，人类渺小如微尘。但是，自从科学诞生后，我们一点一点地揭开了宇宙运行的奥秘。我们能精确地预言日月星辰在未来任何一个时刻的准确位置，这中间没有任何神秘，只要能学透牛顿的四条原理，谁都能做到。

虽然，今天还有太多的问题科学无法回答，但是，今天不能回答不代表未来不能回答。可能会有人告诉你要敬畏未知，但我想告诉你，我们只需要对未知感到好奇，而不需要畏惧。我们只有坚信宇宙是可以被理解的，才能不断发现大自然的奥秘，破解一个又一个未解之谜。

在《原理》出版后，宇宙运行的规律似乎已经被牛顿爵士彻底破解，天文学家们踌躇满志，发誓要攻破天文学的最后一个堡垒，那就是有着天文学第一问题之称的日地距离。只要知道了地球离太阳有多远，人类就能计算出当时认为的整个宇宙的大小，这是一个让无数天才魂牵梦萦的目标。到底谁能取得成功呢？下一章为你揭晓答案。

思考题

请你仔细观察大自然中的各种现象，思考一下，哪些现象可以用牛顿四条原理中的某一条来解释呢？比如公交车刹车的时候，人会往前倾，这可以用牛顿的哪条原理解释呢？

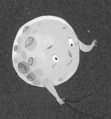

揭开宇宙运行的奥秘

  汪诘少儿科学思维培养书系

第 5 章

18 世纪的天文学
第一问题

三角测量法

在 18 世纪，太阳到地球的距离被称为天文学第一问题。这个问题为什么那么重要呢？因为这个距离是弄清楚太阳系到底有多大的基础，测出了日地距离，就可以根据开普勒第三定律推算出所有的行星到太阳的距离了。

到底该如何测量日地距离呢？早在 2000 多年前的古希腊时代，人类就已经掌握了测量远处物体距离的三角测量法，这个方法不需要你实际跑到测量目标处。

三角测量法

你有没有在电影中见过，以前的炮兵在开炮前，会用大拇指在眼睛前面比画一下，然后再调整炮管的角度？其实，他就是在利用三角测量法估测目标的距离呢！你可以试着把手臂伸直，让自己的大拇指对着远处的一个目标，然后快速地用左右眼切换着看大拇指，你会看到远处的目标相对于大拇指的距离会来回变化。有经验的炮兵就是根据变化的幅度来估测目标的距离。

这是什么原理呢？因为我们双眼之间的距离是已知的，我们分别用左右眼观看远处目标，就相当于在测量这个角的角度，根据几何学知识，知道了双眼距离和这个角度，就能计算出我们到目标的距离，这就是三角测量法。

如何利用三角测量法来测量日地距离呢？可以在地球上相距很远的两个天文台同时观察太阳，测量出太阳在天空中的精确位置，再根据两个天文台的相隔距离计算出日地距离。

聪明的法国天文学家卡西尼（Giovanni Domenico Cassini，1625—1712）在开普勒

法国天文学家卡西尼

发表第三定律的半个世纪后想出了一个办法。他说，不需要两个天文台，一个就够了，因为地球在不停地自转，任何一个天文台，在日出和日落时其实就已经相当于隔了一个地球的直径的距离。这个想法很棒，卡西尼的脑子真好使！

但这种方法是典型的知易行难，讲讲原理简单得不得了，可是，限制条件太多。远隔万里的两个天文台要协作，哪有那么容易？即便只用一个天文台，可是太阳在望远镜中的视面积很大，测量精确位置实在不易，一个点的坐标好测，一个圆的坐标反而不好测了。

所以，用三角测量法直接测量日地距离从来就没有真正成功过。看来，要想把天文学第一问题攻破，得换个思路，想出点新的招数来。

哈雷的绝妙主意

到了 1716 年，上一章我们提到的那位督促牛顿写出了《原理》的哈雷博士，提出了一个绝妙的新思路，震动了整个天文学界，甚至改变了后世几位天文学家一生的命运。哈雷说，利用金星凌日的罕见天象，就可以测定日地距离。他提出的方法原理如下页图所示。

埃德蒙·哈雷（Edmond Halley，1656—1742），英国天文学家和数学家，曾任牛津大学几何学教授，格林尼治天文台第二任台长，成功预言了哈雷彗星的回归

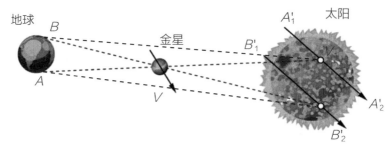

利用金星凌日现象计算日地距离的原理图

在上图中，当金星（V）凌日的时候，从地球上的 A、B 两地同时观测，看见它投影在日轮上的 V_1、V_2 两点，循着 $A_1{'}\ A_2{'}$ 和 $B_1{'}\ B_2{'}$ 两条平行弦经过日轮。所以由观测求得 $\angle AVB$，并可推出 $\angle AV_1B$（或 $\angle AV_2B$）。如果弦 AB 之长等于地球的半径，则 $\angle AV_1B$ 便是太阳的视差。

可遗憾的是，虽然哈雷找到了好方法，但他不太可能看到了，除非他能活到 105 岁，可哈雷只活到了 84 岁。但是，天文学界不会忘记这个重要的时刻，在 1761 年的金星凌日来临的时候，一场国际大比拼拉开了序幕。

为了率先解决这个"最崇高的问题"，整个天文学界都在摩拳擦掌，简直就像天文界的奥运会。为了能在比赛中拔得头筹，法国派出了 32 名选手，英国派出了 18 名，还有瑞典、俄罗斯、意大利、德国等国家也都派出了参赛选手。这些英勇的天文学家奔赴地球的一百多个地点，比如俄罗斯的西伯利亚、中国的青藏高原、美国威斯康星州的丛林等。

让我来给你讲讲其中一位法国天文学家勒让蒂的故事，他无疑是这次比赛中最倒霉的一位参赛选手。

1761 年，金星凌日来临的时候，一场国际大比拼拉开了序幕

史上最倒霉的天文学家

　　勒让蒂提前一年从法国出发，他计划去印度的荒原上观测这次金星凌日。没想到，就在这一年，印度的宗主国英国和勒让蒂的祖国法国开战了，勒让蒂被当作间谍给关进了监狱，虽然捡回一条命，但观测泡汤了。

　　但意志坚定的勒让蒂没有放弃，他再次前往印度，因为金星凌日每隔100多年会出现两次，1761年这次虽然错过了，可8年后的1769年还会有一次。勒让蒂用了8年的时间建了一个一流的观测站，添置了最精良的观测设备，并且不断地做着演练，调试设备，直到对每一个细节都满意。

　　勒让蒂在印度的观测地点也是精挑细选，他选的那个地方在6月份晴天的比例非常高。1769年的6月4日终于到来了，勒让蒂在前一天晚上焚香沐浴，把所有的设备擦得干干净净，你可以想象一下，一个人为了一个时刻整整等待了8年，做了8年的精心准备，这一夜将是什么样的心情。早上起来的时候，勒让蒂看到了一个完美的艳阳天，他激动坏了，就等着那个神圣的时刻来临。

　　果然，金星凌日如约而至。正当金星刚刚开始从太阳的表面通过时，老天爷又开起了玩笑，一朵不大不小的乌云不知从何处飘来，刚好挡住了太阳，勒让蒂简直要疯掉了，他焦急地一边看表一边等待乌云飘走。最后，当乌

下一次金星凌日，
我一定不能错过！

经历了牢狱之灾，意志坚定的勒让蒂没有
放弃观测金星凌日

云飘走时，勒让蒂记录下来的时间是 3 小时 14 分 7 秒，这差不多恰好是
那次金星凌日的持续时间。

　　勒让蒂 8 年的努力因为一朵乌云化为乌有，悲愤交加的他只好收拾起
仪器启程回老家，但他的厄运并没有因此结束。他在港口患上了疟疾，一病
就是整整一年。一年后终于登上了一条船回国，可是没想到途中遇上了飓风，
差点儿失事。当勒让蒂九死一生回到了法国老家时，他已经整整离家 11 年
了，但迎接他的却不是一个温暖的家和亲属们的热烈拥抱，他早就被亲属
们宣布死亡，所有的财产也被他们抢夺一空。

　　这就是史上最倒霉的天文学家勒让蒂的故事。那其他参赛选手的运气如何呢？也都不怎么样，绝大多数人都没能顺利完成观测。不是交通受阻，就是遇上坏天气，或者好不容易赶到了目的地，打开箱子一看，所有的仪器设备都损坏了。有少数天文学家完成了观测，但由于当时天文摄像技术还很落后，拍出来的照片质量都不够好，所以，18世纪的这两次金星凌日，

该死的乌云，快走开！

勒让蒂8年的努力被一朵乌云"完美"地化为乌有

虽然全世界有很多很多的天文学家付出了巨大的努力，但都没能测出真实的日地距离。天文学第一问题依然没有得到很好的解决。

当时天文摄影技术还很落后，天文学家拍出来的金星凌日的照片质量都不够好

天文单位

又过了 113 年，到了 1882 年，金星凌日天象再度出现。此时的人类文明已经进入了工业时代，无论是交通工具还是天文观测设备都有了巨大的发展，美国天文学家、物理学家西蒙·纽康发誓要解决天文学第一问题。他组织了八支探险队，奔赴世界各地，观测当年的金星凌日。最终，他们取得了成功，他们利用哈雷提出的方法，准确计算出了太阳到地球的距离是 1.4959 亿千米，相当于把 1100 多万个地球紧挨着排成一串。这个结果相当精确，与我们今天用最先进的设备测量出的结果几乎没有差异。

历经 100 多年的艰难探索，人类终于测出了日地距离，这个距离也被称为 1AU，也就是 1 天文单位，它是衡量太阳系尺度的基本单位。直到今天，我们在谈论太阳系中天体的距离时，都习惯性地使用多少天文单位。我们终于弄清楚了人类赖以生存的太阳系家园到底有多大。如果以太阳风能吹到的界线来算，太阳系的半径大约是 100—200 天文单位。如果以太阳的引力范围来算，那太阳系的半径大约是 5 万到 10 万天文单位。相对于渺小的地球来说，太阳系真的是很大很大。

美国天文学家、物理学家西蒙·纽康
成功观测到金星凌日

知识来之不易

希望本章的故事让你记住的科学精神是：

科学探索艰辛，知识来之不易。

所有写入教科书的科学知识都不是从天上掉下来的，也不是强行写入的，而是无数科学家通过艰辛探索，经受住了严苛的检验之后才能保留下来，成为人类文明的象征，一代又一代地传承下去。

或许你有时候会在网上看到一些耸人听闻的标题，什么"达尔文的进化论破产了""我们被教科书骗了几十年""牛顿理论被推翻了"等。请你记住，凡是这样的文章，全都不可信。任何被广泛写入教科书的科学知识，尤其是被写入中小学教科书的知识，绝不可能被某个民间科学爱好者轻易地推翻。正如你在本章中看到的，为了一个日地距离，人类要付出 100 多年的努力，无数的科学家为之奋斗。知识之塔的每一块砖都不是轻易得来的，你现在要做的是努力吸收前人的成果。

当 20 世纪的太阳升起来时，人类已经把太阳系的家底基本摸清楚了，摆在天文学家们面前的是另外一个难题：银河系到底有多大？当谜底揭开时，天文学家们再次被震惊了，宇宙的真相远超人类的想象。银河系与宇宙的关系又是怎样的呢？下一章将揭晓答案！

科学之塔离不开每一位科学家的努力

思考题

我们现在人人都知道月亮绕着地球转，请你想一想，你能设计出什么样的观察方法来验证这个科学知识呢？

第 6 章

宇宙中的
一座座孤岛

伽利略看清银河的真相

　　自从人类开始对星空感到好奇以来，我们就注意到了头顶上的那一条横贯天际的银河。围绕银河，世界各地都有各种美丽的传说。流传在我国的故事是，银河就是天上的一条大河，它隔开了牛郎和织女，每年的七夕，牛郎织女鹊桥相会。这是一个温馨浪漫的故事。

　　相比之下，西方的传说就显得简单多了，他们说银河就是神之子呛奶，奶水洒了一路。所以，在英语中，银河被叫作"Milky Way"，也就是"奶路"的意思。

　　传说当然只是传说，并不是银河的真相。那么，银河到底是什么呢？

　　第一个看到银河真相的人是伽利略，当他用望远镜对准银河后，他发现银河实际上是由无数极为暗弱的恒星构成的，多得简直令人难以置信。后来，一代又一代的天文学家用望远镜仔细地观测银河，证实了银河确实是由多到难以计数的恒星组合在一起形成的。经过天文学家们的测算，银河中那些密密麻麻的恒星距离我们最远不会超过 10 万光年。在夜空中，银河之外的满天繁星相比银河来说，离我们近得多，望远镜中可见的所有单颗恒星最远也不过是在数千光年之外。

西方人认为神的儿子呛奶，奶水洒了一路，就成了银河

伽利略用望远镜发现，银河实际上是由无数极为暗弱的恒星构成的

卡普坦宇宙

　　当时间走到 1906 年时，全世界的天文学家在荷兰天文学家卡普坦的倡议下，联合了起来，他们决心要干一件大事——画出全宇宙中所有可见星星的分布图。在当时的天文学家们看来，这幅图就等同于宇宙的地图。但这项工程无比浩大，他们要在天空中随机选出来的 206 个天区中详细记录每一颗恒星的亮度、位置、距离、移动速度等信息。

卡普坦宇宙

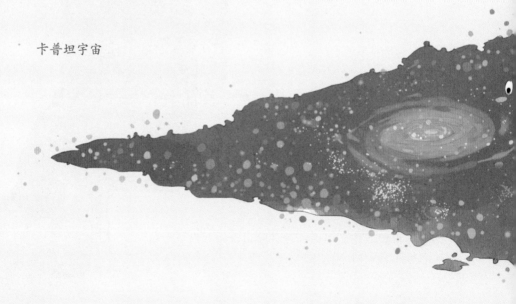

这项工作开始后没多久，第一次世界大战就爆发了，但依然有许多天文学家坚持做着这项观测工作。终于，到了 1922 年，卡普坦向天文界宣布他用统计分析的方法画出了宇宙地图。在这幅图中，全宇宙的所有星星组成了一个像透镜一样的形状，总体上是一个圆形，中心厚，两边薄，越靠中心星星就越密。这个圆的直径大约是 5.5 万光年，中心的厚度大约是 1.1 万光年，我们的太阳系位于这块透镜的中心附近。这就是天文学史上赫赫有名的卡普坦宇宙。

尽管我们今天知道，卡普坦宇宙并不是宇宙的真相，但这毕竟是第一次由人类的科学家根据观测得到的证据，而不是仅仅依靠神话传说或者宗教经文给宇宙画的像。

如何测量宇宙膨胀的速度

世纪天文大辩论

就在卡普坦给宇宙画像的那些年，在美国，也有两位天文学家在做着几乎同样的事情。他们一位叫沙普利，一位叫柯蒂斯，他们各自给宇宙画了一幅图像。

沙普利的宇宙，在总体形状上与卡普坦的宇宙差不多，但是，沙普利根据他观测到的球状星团的分布情况，得出了一个结论：太阳系不在宇宙的中心附近，而是在宇宙的边缘。

另外一位美国天文学家柯蒂斯则画了一幅完全不同的宇宙地图，他抛出了一个非常重要的概念。这个概念你今天听到会觉得稀松平常，可你知道当时这个概念被提出来的时候，人们有多震惊吗？柯蒂斯抛出的这个概念就是银河系。在柯蒂斯的宇宙中，有两个巨大的像铁饼一样的星系，一个就是太阳系所在的银河系，在距离银河系 50 万光年远处，还有另外一个巨大的星系，叫作仙女座星系。

科学讲求证据，不是科学家们拍脑袋凭空想出来的。那么，柯蒂斯凭什么认为在银河系之外还有别的星系呢？关键的证据是一种叫作星云的天体。

早在 18 世纪，天文学家赫歇尔就注意到了隐藏在夜空中的无数星云，之所以称它们为星云，是因为在望远镜中，这些星云就是一些淡淡的、发着

18世纪，科学家认为星云是一些淡淡的、发着不同颜色光芒的薄雾状的东西，就像云彩一样

不同颜色光芒的薄雾状的东西，就像天空中的云彩一样。星云到底是什么？天文学家们争论了快 200 年，但是谁也拿不出实在的证据。

　　在北半球能看到的最明显的一片星云位于仙女座附近，所以一直就被叫作仙女座大星云。柯蒂斯根据一些间接证据——但主要是他自己的推测——坚持认为，仙女座大星云就是与银河系一样的星系，也是由无数的恒星组成的。

　　不管是沙普利还是柯蒂斯，都有很多的支持者。为了分出个对错，他们于 1920 年在美国科学院的大礼堂中搞了一次规模盛大的辩论会，这场辩论会史称"世纪天文大辩论"。激烈的辩论始终针锋相对，分不出高下。在热闹的礼堂一角，有一个人静静地坐着，嘴里面叼着一个标志性的大烟斗。他没有参与这场辩论，只是静静地听着。3 年后，这个人将为这场辩论做出评判。

世纪天文大辩论

汪诘少儿科学思维培养书系

银河系是一座孤岛

这个人是谁呢？他就是美国另外一位传奇天文学家埃德温·哈勃。

要想弄清楚仙女座星云到底是不是一个星系，最关键的就是要测出它与地球的距离。这个道理你能想明白吗？因为近大远小的关系，假如仙女座大星云离我们非常非常遥远，我们就能通过观测到的大小算出它的真实大小。哈勃能取得成功，除了他自己努力的原因，也与天文照相术的发展密切相关。实际上，与你的想象不同，进入 20 世纪后，天文学家们观测星空已经很少用肉眼直接去看了，都是研究照片。

埃德温·鲍威尔·哈勃（Edwin Powell Hubble，1889—1953），美国著名天文学家，他发现了大多数星系都存在红移的现象，提出了哈勃定律

哈勃为仙女座大星云在内的数个大星云拍摄了大量照片，最为关键的是，哈勃以惊人的耐心从这些照片中分辨出了 30 多颗造父变星，这是一种

亮度会发生周期性变化的恒星。然后他又用了两年多的时间，耐心地绘制这些造父变星的光变周期曲线。根据这些曲线，他最终计算出了仙女座大星云和三角座大星云离地球至少有 93 万光年，这对当时的天文学家们来说，实在是一个无法想象的遥远距离。

哈勃的工作很细致，数据很翔实，科学家们只会也必然会屈服于证据。在铁证面前，天文学家们达成了共识，夜空中的绝大多数星云不是银河系中的发光气体云或者某一个单独的天体，而是与银河系一样的由千亿星辰构成的真正的星系。每一个星系就像在广袤宇宙中的一座座孤岛，而我们生活在其中的一座孤岛，也就是银河系上。在哈勃生活的年代，人们已经观测到，宇宙中至少有数以千万计的星系孤岛。

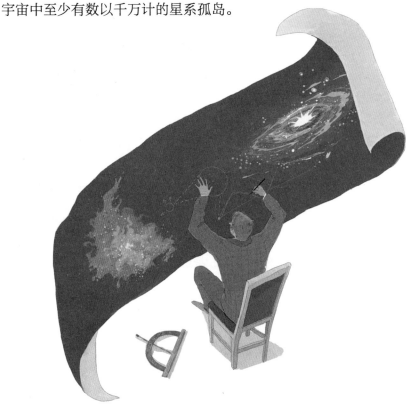

哈勃用了两年多的时间，耐心地绘制造父变星的光变周期曲线

汪诘少儿科学思维培养书系

70 多年后的 1995 年，另一个哈勃，也就是为了纪念哈勃而命名的哈勃太空望远镜，再次把宇宙孤岛的图景推向了令人难以置信的浩瀚无垠。

1995 年 12 月 18 日，看上去是平凡的一天，一个来自美国的天文研究小组租用了哈勃望远镜，他们要选择一个颇受争议的天区进行观测。大家要知道，全世界的天文学家都在争相排队租用哈勃望远镜的观测时间，每个人都认为自己要观测的那个位置是最重要的。可这次的观测区域却让许

全世界的天文学家都在争相排队租用哈勃望远镜的观测时间

多人大跌眼镜，因为这次要观测的区域是一块"黑区"，并且还是全天空中最黑的"黑区"。这是什么意思呢？顾名思义，就是天空中一块看似什么也没有的黑黑的区域。这次观测选择的是全天空中最黑的一个点，大小只有144弧秒，这相当于你站在100米开外看一个网球的大小，这个点只占整个天区的两千四百万分之一。而且，观测者一下子就租用了整整11天。全

哈勃深空场

汪诘少儿科学思维培养书系

世界有很多天文学家就吐槽，NASA（美国国家航空航天局）怎么能批准这样一项不靠谱的观测计划呢？他们中有很多人预言，11 天看下来，那个黑点中啥也看不到，最后会成为一个笑柄，浪费哈勃望远镜宝贵的工作时间。

在一片质疑声中，哈勃太空望远镜把镜头聚焦到了那片位于大熊座的黑区，从 12 月 18 日一直观测到了 12 月 28 日，这 11 天中哈勃望远镜绕着地球转了 150 圈，在 4 个不同的波段上整整曝光了 342 次。在宇宙中穿行了 100 多亿年的光子一颗一颗落在了哈勃望远镜极为灵敏的感光元件上，谁也没想到，这些光子组成的图像将让全世界的天文学家接受一次革命式的洗礼。

这 342 张图像最后合成的照片被称为"哈勃深空场"，这恐怕是人类天文学史上到目前为止最为重要的一张天文照片。下面我就把这张照片贴出来让你看看。

如果完全没有看明白这张照片的令人震撼之处，也很正常，如果不解释，非专业人士谁也看不出这张照片有多牛。让我来为你解释一下这张照片的奥秘。在这张照片中，每一个光点，哪怕是最暗弱的一个光点，都不是一颗星星，而是一个星系，一个像银河系这样包含了上千亿颗恒星的星系！在这么一个全天空两千四百万分之一的区域中，哈勃望远镜就拍摄到了超过 3000 个星系。

宇宙中星系的分布密度是均匀的，这早已被证实过了。那么根据"哈勃深空场"拍摄到的星系数量就可以推测出，宇宙中可观测到的星系总数将超过 1000 亿个，这实在是多到了"吓人"的程度。如果我们的银河系在宇宙中是一个中等大小的星系的话，那么宇宙中平均每个星系就包含了 1000 亿到 2000 亿颗恒星，则宇宙中恒星的总数量相当于地球上所有的沙子的数量，包括所有沙漠和海滩上的沙子。虽然令人难以置信，但这确实是观测事实。

永不消失的好奇心

好了，希望本章的故事让你记住的科学精神是：

 没有什么可以禁锢我们探索宇宙的勇气。

在浩瀚的宇宙面前，虽然人类渺小如微尘，但我们通过科学技术，却可以看到如此宏大的宇宙。驱使我们不断向宇宙深处探索的，是永不消失的好奇心，这是你无论长到多大都不能丢掉的宝贵品质。

经常会有人问我：搞清楚了宇宙有多大又有什么用？我回答说：满足好奇心就是最大的用处。我们的身体虽然被禁锢在小小太阳系中的一颗蓝色星球上，但我们的目光却可以投向百亿光年外的宇宙深处，这是人类作为宇宙中的一个文明最值得骄傲的成就。

天文学家哈勃第一个找到了宇宙海洋的证据，他没有停止探索的脚步，在随后的几年中，他又有了一个惊人的发现。这个发现令人震惊的程度远远超过了星系孤岛，甚至连远在德国的爱因斯坦，听闻这个发现后，都忍不住赶到美国来核实数据，生怕被哈勃给忽悠了。

那这到底是一个什么样的惊天大发现呢？下一章将揭晓答案。

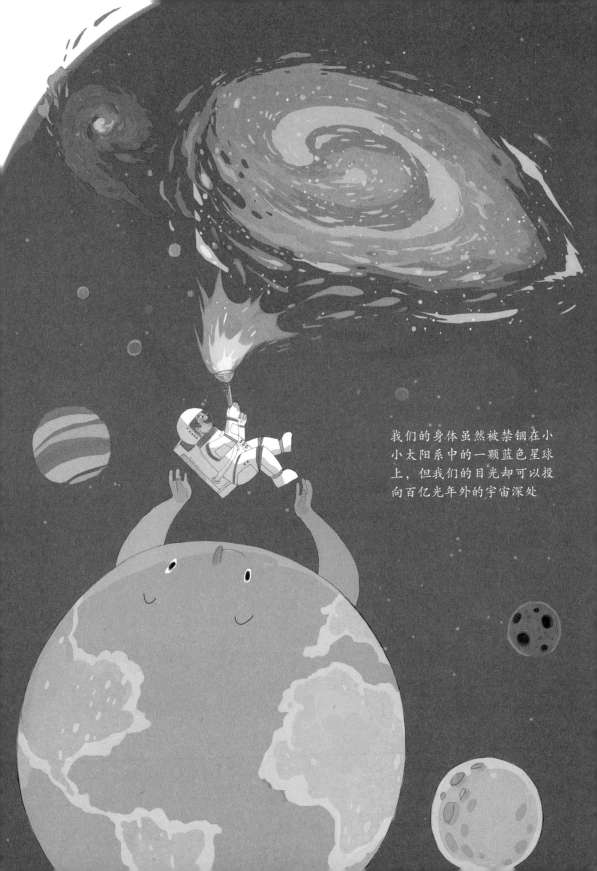

我们的身体虽然被禁锢在小小太阳系中的一颗蓝色星球上，但我们的目光却可以投向百亿光年外的宇宙深处

请你到厨房中抓一把米，然后想一想你怎样才能用最快的方法知道这一把米中包含了多少米粒。再想一想，用什么方法可以算出家里总共有多少米粒。

第 7 章

宇宙的中心
在哪里？

哈勃发现星系退行

上一章我们说到，天文学家哈勃证实了我们的宇宙就像一片巨大的海洋，而海洋中漂浮着一座座的孤岛，这些孤岛就是星系，我们身处的这座孤岛叫作银河系。哈勃把人类的宇宙观又带向了一个更广阔的层次，而他自己，也成了一位痴迷于观测星系的天文学家。

哈勃在天空中努力搜寻着能被望远镜观测到的所有星系，一个也不放过，他仔细测量着每一个星系的亮度、发光颜色、距离等一切能被测量的数据。这个工作极为烦琐枯燥，日复一日，年复一年，你要是问他为什么要这么做，哈勃可能会回答你：说实话，我也不知道能从中发现什么，但我知道科学研究的过程就是观察、测量、记录、找规律，然后，说不定就会有惊喜不期而至。他很幸运，只是连他自己都没想到，这次获得的惊喜之巨大，远远超出了他的预期。

几年下来，哈勃已经积累了上百个星系的详细数据。他惊讶地发现，除了像仙女座大星系等几个离银河系最近的星系，几乎所有的星系都在远离银河系，这在天文学中有一个术语，叫作"退行"，就是相对于我们后退而行的意思。更加令他惊讶的是，星系的退行速度与星系到我们的距离成正比。也就是说，距离我们越远的星系，退行的速度也就越快，这就是著名的哈

距离我们越远的星系，退行的速度也就越快，这就是著名的哈勃定律

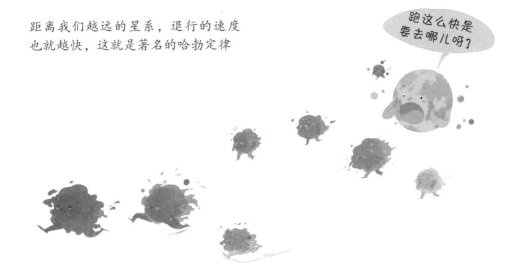

跑这么快是要去哪儿呀？

勃定律。

　　有些人可能想知道，哈勃是如何发现遥远的星系在退行的呢？他又是怎么测量出退行速度的呢？或许你想到的是近大远小的规律，我们平时看天上的飞机，会越来越小，那么只要测量出它变小的速度，就能推算出它的退行速度。这个原理本身当然没错，但这个方法用在星系退行的测定上是完全无效的。为什么呢？因为星系离我们实在是太遥远太遥远了，以至于它退行所产生的一点点视觉上大小的变化完全可以忽略不计，远远超出了人类的观测精度。那哈勃是怎么做到的呢？

　　实际上，一个发光的物体如果远离我们而去，除了会造成视觉上的近大远小外，光的颜色也会发生变化，退行速度越快，变化的幅度就越大。这种效应在科学上被称为"多普勒效应"。在日常生活中，我们就能直观地感受到多普勒效应。比如，当火车鸣着笛朝你开过来时，你会听到火车的笛声音调变高了；而从你身边开过的一瞬间，或者当运动方向改为远离你而去，

多普勒效应：发光的物体离我们远去，
除了会造成视觉上的近大远小外，光的
颜色也会发生变化

笛声的音调就会突然变低。这是因为声波在运动方向上波长变小，频率（音调）升高，反之则波长变大，频率（音调）降低。

光的本质是电磁波，所以，在运动方向上，波长会变小，频率会升高，而频率就决定了光的颜色。这在天文学上被称为蓝移或者红移，就是说，光的颜色会朝着光谱的蓝端或者红端移动。如果发光物体朝着我们飞过来，就会产生蓝移现象，反之，远离我们而去的话，就会产生红移现象。哈勃的精细测量结果表明，几乎所有的星系发出的光都存在红移现象，这就说明几乎所有的星系都在相对我们退行。而距离我们越遥远的星系，它们红移的幅度也就越大，这就说明距离越远的星系，退行速度就越快。

宇宙大爆炸

请你想象一下，银河系在宇宙中的处境，就好像你站在一个广场上，举目四望，所有的人都在远离你而去。那么，你会不会产生自己是广场中心的感觉呢？难道说银河系就是宇宙的中心吗？其实不是，哈勃仔细分析了上百

我就是中心了吧？

银河系在宇宙中的处境，就好像你站在一个广场上，举目四望，所有的人都在远离你而去

个星系的数据，他发现，实际上，从宇宙大尺度上来看，几乎所有的星系都在远离银河系，任何两个星系之间的距离也都在增大，而且尺度拉得越大，这个效应就越明显。

换句话说，在这个广场上的每一个人举目四望，都会产生同样的感觉：其他人都在远离自己而去。广场上的每一个人都会有自己是广场中心的感觉。所以，我们可以说宇宙处处都是中心，也可以说宇宙没有中心，宇宙中没有哪个位置是特殊的。这也被称为宇宙学第一原理——平庸原理。不过，广场只是一个二维的平面，而我们的宇宙是一个三维的空间，因此，科学家们经常会用气球来比喻宇宙。

假如我们在一个气球的表面点上很多小点，每个小点代表一个星系，那么，当这个气球被吹大的时候，我们就会发现，所有的点都在互相远离。因此，如果我们的宇宙也是一个这样的气球，那么哈勃的发现就证明了宇宙正在膨胀。

宇宙正在膨胀，这绝对是一个令人震惊的大发现。哈勃的这个发现让远在德国的爱因斯坦也震惊不已。为了核实哈勃的观测数据，爱因斯坦甚至亲自跑到美国，生怕哈勃弄错了。爱因斯坦一直以为宇宙应该是一个非常恒定的结构，甚至不惜在自己的理论中凭空添加一个常数来维持宇宙的恒定。然而，令他万万没有想到的是，宇宙居然真的不恒定，宇宙居然真的在膨胀。

宇宙膨胀这件事情极为惊人，有些科学家就设想，假如昨天的宇宙一定比今天的宇宙小，前天的宇宙又一定比昨天的更小，那么如此往前一直反推的话，宇宙岂不是诞生于一个点吗？这简直太惊人了，如此浩瀚无垠的宇宙难道在很久很久以前只是一个小小的点吗？这个设想实在太过于惊人，以至于一开始大多数科学家都不信。当时有一位著名的天文学家叫霍伊尔，他就不信，他还把这个他认为荒谬的设想称作"宇宙大爆炸"，说，难道我们的宇宙是像一颗炸弹一样砰的一声炸出来的吗？

宇宙正在膨胀，这绝对是一个令人
震惊的大发现

　　有少数科学家坚信宇宙大爆炸设想。不过，对于科学界来说，宇宙大爆
炸显然是一个非同寻常的观点。对待这样的观点，科学家们总是会非常苛刻，
光是哈勃的观测证据是不够的，他们会要求更多的证据。那么，还有什么
证据能够证明宇宙正在膨胀呢？

宇宙微波背景辐射

乔治·伽莫夫（George Gamow，1904—1968），俄国著名的物理学家和天文学家，以倡导宇宙起源于"大爆炸"的理论闻名

有一位叫伽莫夫的科学家根据爱因斯坦的相对论做了一系列计算，他算出一个结果，如果宇宙真的诞生于一次大爆炸，那么这团爆炸后的火球膨胀到今天这个大小后，并没有完全冷却，还剩下那么一丝丝的温度。也就是说，外太空也不是绝对零度，还剩下一点处处均匀的余温。伽莫夫计算出了这个余温的精确数值是 5K，并且预言我们能够测量出这个温度。如果用今天测定出的各种参数代入伽莫夫的方程，这个值应当是 2.7K。你可能不熟悉 K 这个温度单位，如果转换成我们熟悉的摄氏度，2.7K 就是零下 270.15℃。2.7K 这个温度只比绝对零度高了那么一丁点儿。因此，预言虽然提出来了，但以当时人类所掌握的技术，要想探测到宇宙中残存的这么一丁点温度，是没有可能的。伽莫夫还需要等待。这一等，就是 24 年，幸运的伽莫夫在去世

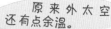

原来外太空还有点余温。

伽莫夫发现外太空也不是绝对零度，还剩下一点处处均匀的余温

前等到了这一天，真够悬的！

如何探测这么低的温度呢？用温度计是不行的，因为这么低的温度表现出来的其实是微波辐射，而不是热量。这就好像你家里的微波炉，它发出的微波可以给食物加热。我们的宇宙也就好像一台超级巨大的微波炉，只是这台微波炉的功率极低极低。探测这么低功率的微波辐射，需要巨大的射电望远镜。

1964 年，两位美国工程师——彭齐亚斯和威尔逊一起在美国新泽西州的霍尔姆德尔建造了一个形状奇特的号角形射电天文望远镜，开始对来自银河系的无线电波进行研究。他们其实并不知道伽莫夫的预言，他们本想

我们的宇宙就好像一台超级巨大的微波炉，只是这台微波炉的功率极低极低。探测这么低功率的微波辐射，需要巨大的射电望远镜

你的微波辐射功率太低，也只有我才能探测到！

研究的对象也并不是宇宙微波背景辐射，但是，他们竟然意外地发现了宇宙微波背景辐射（关于这个发现背后的故事，请参见本丛书第一册《如果你跑得和光一样快》第7章）。

这是 20 世纪天文学史上最重要的发现之一，也是宇宙大爆炸理论的最关键证据。这两个幸运的美国工程师因为这个发现在 10 多年后获得了 1978 年的诺贝尔物理学奖，荣光无限，尽管他们根本就不是研究理论物理的。他们恐怕也是获得诺贝尔奖的人中最幸运的。

宇宙微波背景辐射之所以能成为大爆炸理论最关键的证据，不仅仅是因为它符合了伽莫夫的预言，其实还有一个更重要的原因。按照已观测到的 3K 左右的温度，相当于宇宙的任何一个地方每平方厘米每秒都能接收到大约 10 个光子。考虑到宇宙的尺度之大，根本不可能有哪一个辐射源能产生如此巨大的能量，这些光子只能是在宇宙诞生的时候同时产生的，就像一个巨大的火球在经过了 138 亿年的膨胀后的余温。你有时候可能会在电视机中看到一片雪花点，请记住，下次你再看到这些雪花点时，不用烦躁，它们之中有 1% 就是宇宙微波背景辐射造成的，你等于是在观看宇宙大爆炸的余温。

宇宙微波背景辐射就在我们身边

非凡主张需要非凡证据

伽莫夫的预言终于被观测结果证实了，这是天文学史上非常非常重要的发现。也是因为这个证据，让绝大多数科学家从反对宇宙大爆炸的阵营转投到了支持的阵营，科学家们认为这个证据过硬。两位无线电工程师也意外获得了诺贝尔物理学奖，成为史上最幸运的获奖者。

希望本章的故事让你记住的科学精神是：

非同寻常的主张需要非同寻常的证据。

科学家是全世界最看重证据的群体，在科学探索中，唯一能让假说成为理论的只有证据。而且，越是非同寻常的假说，就越需要非同寻常的证据。

所以，你以后看到任何一个让你感到震惊的消息，一定要问问是否有同等级别的证据。你震惊的程度越深，就越需要刨根问底，多方求证。千万不要轻易被耸人听闻的标题唬住哟！

既然科学家们接受了宇宙大爆炸的理论，那么接下来就自然而然地产生了另外一个重要的问题：这场大爆炸到底发生在什么时候呢？科学家们到底是如何测算宇宙年龄的呢？下一章揭晓答案。

越是令人震惊的消息，越需要刨根问底，多方求证

假如你看到一篇文章，标题是《食盐中的抗结剂亚铁氰化钾致癌》，你觉得自己应该怎么做才是最有科学精神的做法？

第 8 章

宇宙的年龄原来是这样推算的

如何测量面团膨胀了多久？

科学家们发现宇宙正在膨胀。有些同学可能会想，如果宇宙正在膨胀的话，银河系是不是也在膨胀呢？地球与太阳的距离是不是也会变得越来越远呢？其实，这是大家对于宇宙膨胀的一种普遍误解。我们说的宇宙膨胀是在比星系更大的尺度上的，而在星系的内部，万有引力的力量超过了引起宇宙膨胀的力量（这被称为暗能量，请参见本丛书第一本《如果你跑得和光一样快》第 9 章），所以，银河系是不膨胀的，地球与太阳距离的变化

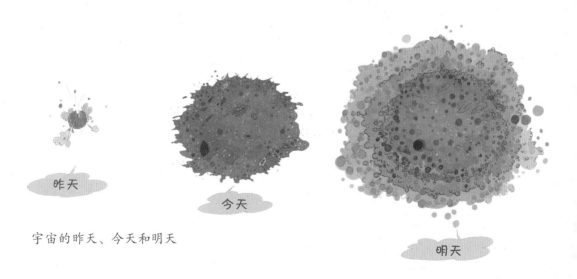

昨天　　今天　　明天

宇宙的昨天、今天和明天

也与宇宙膨胀无关。

　　宇宙膨胀，意味着明天的宇宙一定比今天的大，而后天的宇宙也一定比明天的大。反过来想，也就意味着昨天的宇宙一定比今天的宇宙小，前天的宇宙又比昨天的小。没有什么能阻止宇宙的膨胀，也就没有什么能阻止宇宙在时间反向上缩小。这么一直反推下去，宇宙必然是起源于一个小到不能再小的点。自然而然地，科学家们就开始感兴趣了，那宇宙到底膨胀了多久呢？我们有没有办法知道宇宙的年龄呢？

　　这似乎是一个不可能完成的任务，但是呢，科学家们居然用他们的智慧解决了这个难题，简直太厉害了！科学家是怎么解决的呢？

　　首先，我先来考你一道题目，如果在生活中，你看到一个正在匀速膨胀的面团，例如烤箱中正在烤的一个面包，我问你，你有没有办法测算出这

你有没有办法测算出这个面团已经膨胀了多久呢？

个面团已经膨胀了多久呢？

聪明的你可能已经想出来了，我们只需要测量出面团的膨胀速度即可，具体的操作过程是这样的：先记录下开始测量时刻面团的体积。过一段时间，比如 1 小时后，我们再次测量面团的体积。把两次测量得到的体积相减，就得到了这个面团每小时会膨胀多少的速度值。知道了这个速度值，只需要用面团现在的体积除以面团膨胀的速度值，就等于知道了面团已经膨胀了多长时间。

我们来举个例子。比如，第一次测量得出的面团体积是 18 立方厘米，1 小时后测量得出的面团体积是 20 立方厘米，那么这个面团每小时可以膨胀 2 立方厘米。问：它膨胀到现在的 20 立方厘米用了多久呢？答案是：20÷2=10（小时）。我们也可以认为这个面团的年龄就是 10 岁，面团世界 1 小时就相当于我们人类的 1 年。

如何测量宇宙膨胀了多久？

怎么样？很简单吧？理解起来毫无困难。那我们能不能用这个方法来计算宇宙的年龄呢？把宇宙想象成一个面团，测量一下宇宙的体积。很遗憾，我们没办法测量出宇宙的体积，因为我们本身就在这个面团中，我们不可能跳到面团外面来测量面团的体积。

其实，我们不需要知道面团的体积，还有一个更加聪明和简单的办法来测量面团膨胀了多久。这个办法是这样的：先在面团的表面撒上一些芝麻，然后测量一下任意两颗芝麻之间的距离，过 1 小时后，我们再测量一下这两颗芝麻之间的距离。把两次测量得到的距离相减，就得到这两颗芝麻每小时会远离多少的速度值。知道了这个速度值，我们同样可以计算出这个面团膨胀了多长时间。为什么？因为我们假设面团是从一个点膨胀而来的，这两颗芝麻在膨胀开始前必然是重合的。假如我们第一次测量两颗芝麻的距离是 9 厘米，1 小时后测量结果是 10 厘米，那么就意味着这两颗芝麻每小时互相远离 1 厘米，那么，这就是说在第二次测量时，面团的年龄是 10÷1=10（岁），我们同样得出了面团年龄是 10 岁这个结论。

你看，这个简单而又聪明的办法就避免了去测量整个体积。那么问题来了，在我们的宇宙中，有没有这样的可以供测量距离用的标记点呢？答案是

在面团的表面撒上一些芝麻，然后测量不同时段任意两颗芝麻之间的距离，就能算出面团膨胀了多久

有，不但有，而且还很多很多。这就是宇宙中无数个大大小小的星系，这些星系均匀地分布在全宇宙中，距离银河系近的几百万光年，远的有100多亿光年。在宇宙这个尺度上，我们就可以把星系看成是一个一个的标记点，我们只要测量出标记点之间互相远离的平均速度，就能通过刚才讲的方法计算出宇宙的年龄。

讲到这里你可能会奇怪，前面用的是面团表面的芝麻，而星系是在宇宙内部的，好像不一样啊。其实，你把芝麻想象成均匀地分布在整个面团中，不论是在表面还是在内部，这个原理都是相通的。

上一章我们说到，20世纪二三十年代，在美国加利福尼亚州的威尔逊山天文台，天文学家哈勃就痴迷于测量不同的星系到银河系的距离，他率

为了纪念哈勃的贡献，我们今天把宇宙膨胀的速度值叫作哈勃常数

先通过这个方法计算出了宇宙的年龄大约是2亿多岁。为了纪念哈勃的贡献，我们今天把宇宙膨胀的速度值叫作哈勃常数，把通过这个数值推算出来的宇宙年龄称为哈勃时间。

当然，受限于哈勃那个年代的观测精度，他的测量数值误差还很大，但意义极为重大，这可是人类第一次用科学的方法推算出了宇宙的年龄。方法一旦找到，离真相被发现就已经不远了。今天，随着太空望远镜的上天，哈勃常数已经被测量得越来越精确，宇宙的年龄逐步被锁定在了138亿岁左右，上下的误差不超过4000万年。

不过，我又要说那句话了，非同寻常的主张就需要非同寻常的证据，科学精神最看重的就是证据。除了哈勃常数的测定，我们还有没有其他证据可以验证宇宙的年龄呢？

宇宙年龄的证据

当然还有。不知道你有没有意识到，每当我们在夜晚抬头仰望星空的时候，其实就是在回望宇宙的过去。此话怎讲呢？比如说，你此时此刻看到的北极星，其实不是现在的北极星，而是430多年前的北极星，因为北极星距离地球430多光年。所谓的光年是一个距离单位，它表示光在一年中走过的距离。所以，北极星发出的光需要走430多年才能到达地球。

再比如，我们测出某个星系距离我们1亿光年，也就意味着，我们现在看到的光差不多就是它1亿年前发出来的。请注意，在这里我加了"差不多"三个字。为什么还要加这三个字呢？因为宇宙在膨胀。

我们有时候会在资料中看到一个古老的星系距离我们400亿光年，但是宇宙的年龄才138亿岁啊，显然这个古老星系的年龄不可能有400亿岁，它的年龄一定是小于138亿岁的。

这是因为，这些古老星系的光子在飞向地球的同时，它们身后就会不断地"冒"出新的空间，当这些光子飞行了130亿年，终于到达地球时，古老星系离地球的距离早就超过了130亿光年。你可以把我们的宇宙想象成一块有弹性的布，当光子在这块布上前进时，这块布也在不断地拉伸，所以我们在测量星系的距离时，必须还要考虑到宇宙的整体膨胀系数。

你此时此刻看到的北极星，其实不是现在的北极星，而是 430 多年前的北极星

其实你看到的是我 430 多年前的样子。

理解了上面这些基本概念，我就可以告诉你们宇宙年龄的一项重要证据了。天文学家们发现，不论我们把望远镜指向宇宙的何处，我们能观测到的最遥远的星系距离我们都不超过465亿光年。注意，这不是因为我们的望远镜能力不够，假如还有更遥远的星系，我们的望远镜也一样能发现。扣除宇宙膨胀所产生的额外距离后，结果就是，我们所能观测到的所有星系，没有超过132亿岁的，这与哈勃常数计算出来的结果一致，这就是过硬的证据了。

有些同学可能奇怪，为什么是不超过132亿岁？前面我不是说宇宙的年龄大约为138亿岁吗？原因超级简单，因为在宇宙诞生的最初六七亿年里，星系还没有形成呢！

讲到这里，或许你会产生一种误解，以为宇宙的半径就是 465 亿光年，其实不是。在 465 亿光年之外完全有可能还有无数的星系，只是这些星系发出的光跑了 138 亿年也没有跑到地球，实际上它们很可能永远也跑

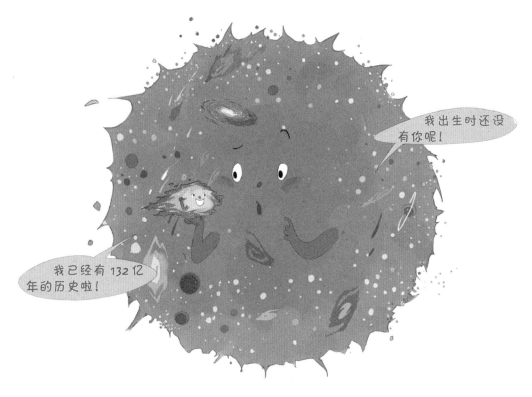

在宇宙诞生的最初六七亿年里，星系还没有形成

不到地球了，这就好像你在机场的自动步道上反向行走，如果你走路的速度赶不上步道移动的速度，你就永远也不可能前进。因此，天文学家把465亿光年半径的宇宙称为"可观宇宙"。

宇宙年龄的证据还不止我上面说的这些，其他一些根据更复杂的原理测量出来的数据也都表明宇宙的年龄是138亿岁左右。这么多的测量数据汇总在一起，就形成了一个坚实的证据链，将宇宙的年龄牢牢锁定。我们的宇宙诞生于大约138亿年前的一次宇宙大爆炸，这个理论今天已经成为科学界公认的成果，被绝大多数的科学家认可，也写入了教科书。

因为宇宙不断膨胀，星系发出的光跑向地球的过程，就好像你在机场的自动步道上反向行走

没有测量就没有科学

好了，希望本章我讲的知识让你记住的科学精神是：

测量是一切科学研究的基础，没有测量就没有科学。

著名的开尔文勋爵曾经说过这样的话：如果你不能用测量数据说话，那你就没有资格谈科学。天文学家们之所以敢说宇宙的年龄是 138 亿岁，那是有实实在在的测量数据的，而不是仅仅依靠理论推测。请记住，科学中的任何结论都有测量数据的支撑，无一例外。

在我国古代，有很多伟大的思想巨著，比如《周易》《道德经》《庄子》等，古人的这些著作体现着我国古老而悠久的文明。但这些著作是哲学著作，并不是科学著作，其中一个最重要的原因就是，这些著作只有思辨而没有测量。任何一门学问要迈入科学的殿堂，都离不开测量。

这章的一开始我告诉过你，因为我们自己身在宇宙中，没法测量出宇宙的体积，但科学家们又真的很想知道宇宙到底有多大，至少他们想弄清楚，宇宙到底是有限还是无限。你是不是也很想知道呢？那咱们下一章揭晓答案。

测量是一切科学研究的基础，没有测量就没有科学

思考题　　社会上有一门很流行的学问，就是研究星座与性格之间的关系，我想请你根据今天学习到的知识来判断一下：这门学问属不属于科学呢？

宇宙是有限无界的吗?

在我还是个孩子的时候，我就特别喜欢问一个问题：宇宙到底有多大？你是不是也对这个问题感到非常好奇呢？

通过前面的学习，我已经跟你说过，人类能够观测到的宇宙范围永远也不可能超过半径465亿光年的一个球形区域，但是，这可并不意味着宇宙就是一个半径465亿光年的球。我们之所以看不到比这更大的范围，仅仅是由于一个原因：光速有限。我们能看到的最古老的光子不可能超过宇宙的年龄。

那宇宙到底有多大呢？今天的宇宙到底是有限还是无限的呢？

古代的哲学家一致认为，空间是无限大的。这是一种非常朴素的想法，它符合一个很简单的道理。假如我跟你说宇宙是有限的，就好像一个篮球，你可能马上就会反问我：篮球的外面是什么呢？宇宙的外面是什么呢？因为在我们的脑子里，似乎"外面"总是存在的。

不过，到了近现代，科学家却对哲学家说：不一定。这似乎特别违反直觉，不好理解，什么样的东西是固定大小但没有边界的呢？

其实，只要我们愿意再深想一下，这个东西也不难找。你想，一只蚂蚁在篮球上爬，这个篮球对于蚂蚁来说就是没有边界但大小有限的区域。原

宇宙到底是有限还是无限的呢?

宇宙完全有可能是没有边界,但大小有限。

你怎么抢了我的台词?

因就在于篮球的表面是弯曲的,它的表面形成了一个闭合的曲面,这样一来,蚂蚁无论朝哪个方向一直爬,最后总是会回到原地。当然,我们的宇宙并不是篮球,这仅仅是帮助你理解宇宙的第一步。

一个二维的平面假如是弯曲的,就能形成一个有限无界的曲面。其实,同样的道理,三维的空间也可以是弯曲的,这就是爱因斯坦的深刻洞见。100多年前,爱因斯坦提出了广义相对论,这个理论最核心的思想就是空间可以是弯曲的。爱因斯坦的这个发现颠覆了人们对于空间的认知,特别反常识。不过,科学家们只相信证据,不相信常识,经过这100多年的努力,现在,大量的坚实证据都证明爱因斯坦是对的,空间确实可以是弯曲的。

怪了，这路怎么走不到头啊？

这个篮球对于蚂蚁来说，就是没有边界但大小有限的区域

自从爱因斯坦提出这个理论后，就有很多科学家认为，整个宇宙就是一个无比巨大的弯曲空间。什么意思呢？就是说，假如我们朝着宇宙中任何一个方向一直飞一直飞，只要飞行的时间足够长，最终我们就会回到原地，就好像那只在篮球上爬的蚂蚁一样。换句话说，宇宙是一个循环往复，有限但无界的空间。

再后来，宇宙膨胀现象被发现，宇宙大爆炸理论也成为一个有着坚实观测证据的科学理论。既然宇宙诞生于138亿年前的一次大爆炸，那宇宙的这种有限无界的特性似乎就更加说得通了，于是，越来越多的科学家赞同宇宙是有限的这种观点，大名鼎鼎的物理学家霍金也是这种观点的拥护者。

几乎所有的科学家都认为，接下来只需要交给天文学家们，等他们找到宇宙有限的证据就可以了，而这个证据迟早是能被找到的。

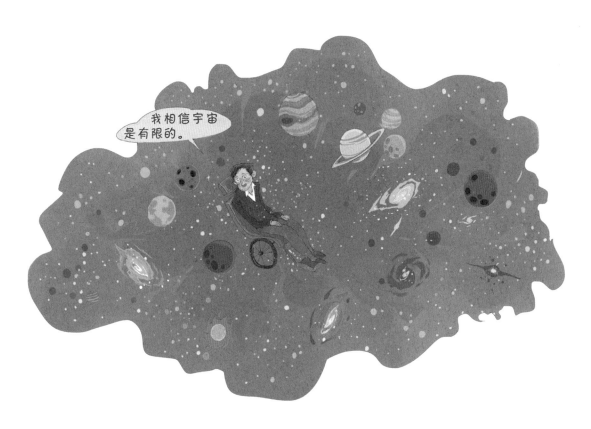

越来越多的科学家赞同宇宙是有限的这种观念，大名鼎鼎的物理学家霍金也是这种观点的拥护者

宇宙没按常理出牌

　　任何科学猜想都需要证据，宇宙有限同样需要证据。你可能会想，前面我不是刚刚说爱因斯坦的弯曲空间理论有大量的坚实证据了吗？它们有点不同，我们现在确实有了坚实的证据证明空间可以是弯曲的，更准确地说，我们只是证明了在大质量天体附近的空间是弯曲的，但是，这和证明宇宙

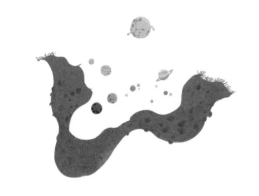

假如我们把宇宙想象成一张地毯的话，那么我们只是证明了在这张地毯上分布着很多小坑，并不能证明整张地毯从大尺度上来看是弯的还是平的

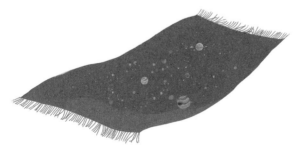

在大尺度上整体是弯曲的有着本质的不同。我给你打个比方，假如我们把宇宙想象成一张地毯的话，那么我们只是证明了在这张地毯上分布着很多小坑，并不能证明整张地毯从大尺度上来看是弯的还是平的。在物理学上，我们用"曲率"这个词来表示弯曲程度。如果是完全平的，一点弯曲都没有，那么曲率就等于零，假如曲率大于零或者小于零，就说明有不同程度的弯曲。

所以，要找到宇宙有限的证据，就需要测量宇宙空间在大尺度上的曲率。然而，宇宙似乎不喜欢被人类的科学家轻易地看透，它总是喜欢给我们制造意外。最近这十几年，天文学家们采用了很多不同的方式对宇宙的曲率进行了精心的测量，他们发现在精度误差 1% 的范围内，没有测量到任何弯曲。这已经是一个相当高的精度了，也就是说，科学家意外地发现宇宙的曲率很可能不多不少，恰好就是零，或者说，曲率怎么都不会大于 0.01，宇宙很可能是完全平的。

这个结果让所有的科学家都吃了一惊，虽然现在还不能完全肯定宇宙是平的，但已经有了一种剧情大反转的感觉。讲到这里，你或许很想知道科学家们是如何测量宇宙曲率的。下面给你介绍一下测量宇宙曲率的两个方法。

宇宙很可能是完全平的

测量宇宙曲率的方法

第一个方法就是简单直接的几何学测量。你一定知道，三角形的内角和等于 180 度，这是一个最基础的几何学常识。不过，这个常识其实需要一个非常重要的前提，那就是，这个三角形必须是一个平面上的三角形。假如你在一个篮球上画一个三角形，那对不起了，三角形的内角和就不再是180 度，而是大于 180 度。假如我们在一口锅中画一个三角形，那三角形的内角和就会小于 180 度。因此，反过来，我们就可以通过测量三角形的内角和来判断这个三角形所处的面是平的还是弯曲的，以及是怎样弯曲的。根据这个原理，如果我们在宇宙中测量一个巨大三角形的内角和，比如三个相距遥远的星系构成的三角形，假如内角和不等于 180 度，那么，我们就可以推断出，宇宙空间不是完全平直的。

第二个方法是间接测量。要搞懂这个方法，你需要具备一点点相对论的知识。爱因斯坦在 100 多年前为我们揭示了质量和能量可以使得空间弯曲的道理，而且还有一个可以定量的推论：假如整个宇宙的平均质能密度等于某一个数值，那么宇宙从整体上来说就是平直的；如果大于或者小于这个数值，那么宇宙就是弯曲的。你不需要去搞懂这是怎么计算出来的，这个数值到底是多少，这超出了你现在掌握的数学知识的范围，你只需要知道理

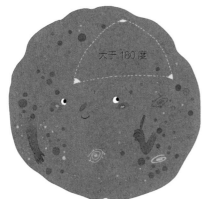

大于 180 度

通过测量三角形的内角和，就可以判断这个三角形所处的面是平的还是弯曲的，以及是怎样弯曲的

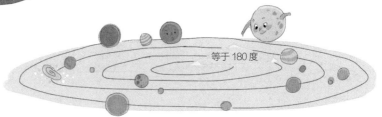

等于 180 度

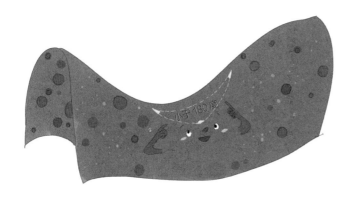

小于 180 度

论物理学家们计算出了这样一个数值就够了。

　　天文学家经过 10 多年的精心测量，结论是在 0.004 的误差范围内，宇宙的平均质能密度刚好等于那个使得宇宙平直的数值。这说明我们这个宇宙中的物质不多不少，恰好可以让整体空间维持平直。如果用一个更直观的比喻，让你理解这种巧合有多精巧，你可以这么想——平均来说，在一个像北京水立方体育馆那么大的宇宙空间中，恰好包含了 5 颗沙子。假如多 1 颗或者少 1 颗，那都会造成宇宙的弯曲，必须刚好是 5 颗，就是这么苛刻。可是，我们的宇宙却真的做到了。

所以，今天的宇宙学家告诉我们，尽管还没有百分之百的把握，宇宙空间从整体上看很可能是完全平的，至少是极度地接近平直，换句话说，宇宙很可能是无限大的，至少极度地趋近于无限大。

不可思议的无限大

实际上，对于天文学家们来说，宇宙无限大这个结果远比宇宙有限大更出人意料，因为宇宙无限大会产生很多不可思议的推论。我给你举一个例子。现在的天文观测结果表明：宇宙中的星系分布在大尺度上是极为均匀的。因此，我们有理由认为，在可观宇宙之外，也就是 465 亿光年之外，星系的分布依然是均匀的。

无限大的宇宙就意味着有无限多的星系，至少是极度接近无限多的星系。无限多的星系就意味着极有可能存在另外一个一模一样的地球。这就好像，假如地球是一副扑克牌的某一种排列。只要扑克牌的数量是固定的，那么只要给出足够多的扑克牌，总能找到两种一模一样的扑克排列。组成地球的每一个原子就好像是扑克牌的每一张牌，无限多的星系就意味着有无限多副扑克牌，那就总能找到两个一模一样的地球。

也就是说，在宇宙中的某个角落，很可能还有一个一模一样的你和我，正在做着一模一样的事情。这是不是不可思议呢？但这真的又是科学推论。

在宇宙中的某个角落，很可能还有一个一模一样的你和我

过程比结论更重要

希望本章讲的知识让你记住的科学精神是：

决定思想深度的不是结论，而是推导的过程。

几千年前，人们认为宇宙是无限的，今天的科学家也这么认为。结果虽然是相同的，可理由完全不同。古人靠的是直觉和经验，而科学家靠的是数学计算和观测实证。

在你的学习生涯中，会学习数不清的科学知识。你或许还会发现一些现代科学的结论与古人的某个说法不谋而合，或者非常类似。比如，我国的古代先贤老子就曾经说过："道生一，一生二，二生三，三生万物。"有人说，这说的不就是宇宙大爆炸吗？万物都是从最初的一个叫"道"的东西生出来的。

我们姑且认为老子当时想到了宇宙有一个起点（尽管这没有证据），但是，老子的著作却并没有告诉我们他是如何发现的"道生一"，又是如何发现的"三生万物"，以及为什么不是"二生万物"。所以，我们不能认为老子比现代科学家更伟大，因为，比答案更重要的是寻找答案的过程。

给你讲完了宇宙的年龄和大小，我们这本书即将结束了，最后一章，我要带你去看一看宇宙的未来，我们的宇宙到底会走向怎样的结局呢？咱们下一章揭晓答案。

道生一，一生二，二生三，三生万物。

你能看出这里面隐藏了宇宙大爆炸理论吗？

思考题

万物是由原子构成的，这句话最早是古希腊的哲学家德谟克利特说的，后来，英国科学家道尔顿也提出了万物由原子构成的观点。请你思考一下，德谟克利特和道尔顿谁对科学的贡献更大一些呢？

第10章

宇宙终结之谜

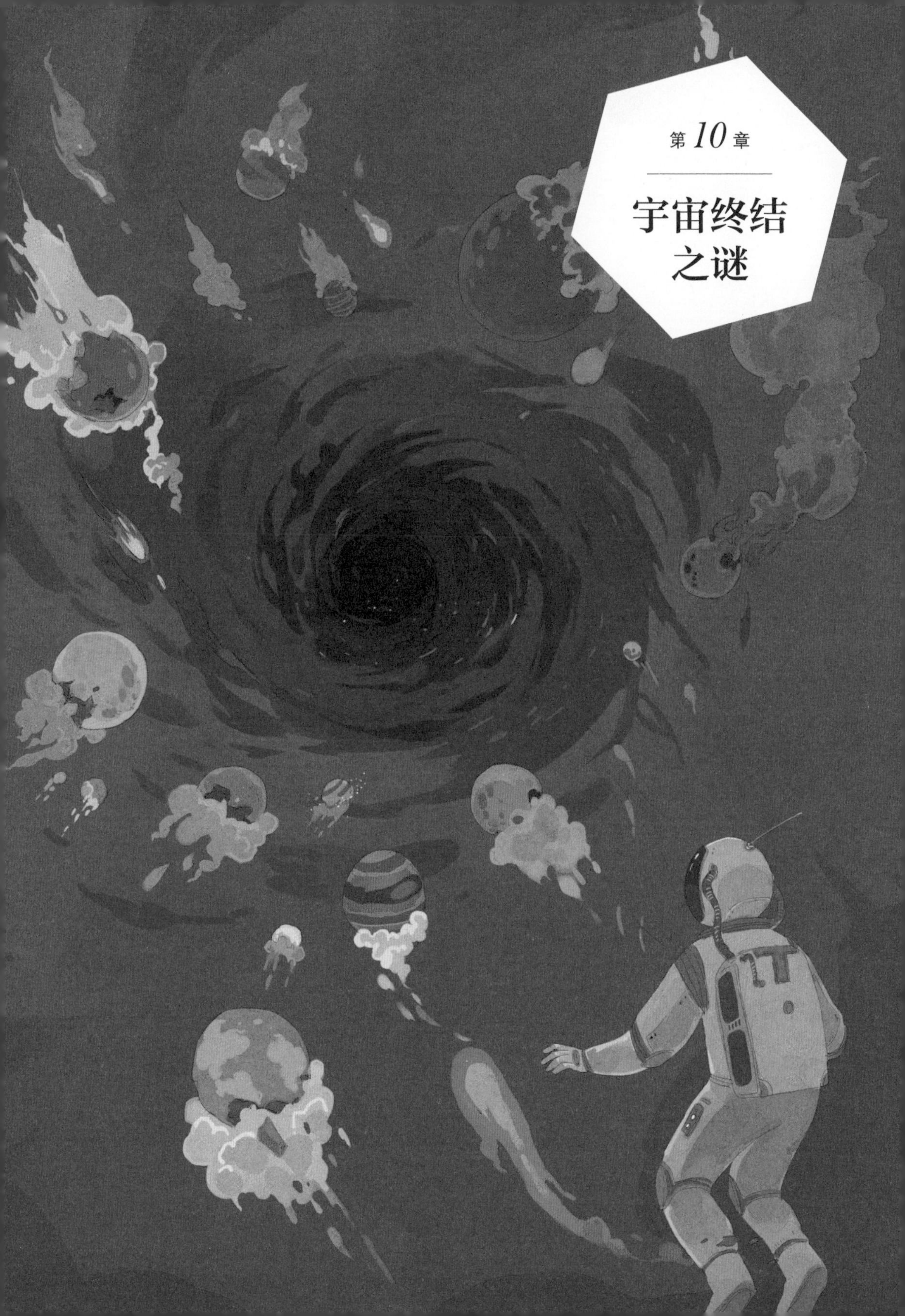

追问宇宙命运的意义

　　从人类文明诞生的那天起，我们就在追问两个问题：宇宙从何而来？要去向何方？现在，我们已经可以大致有把握地回答第一个问题：宇宙诞生于138亿年前的一次大爆炸。过去发生的事情相比于未来的事情更容易回答一些，因为已经发生的事情总会留下各种各样的蛛丝马迹，科学家们可以通过研究这些蛛丝马迹还原真相。而未来的事情还没发生，我们只能靠推测，所以，第二个问题"宇宙要去向何方"，就不是那么容易回答了。

　　宇宙的命运最终会是怎样的？这是人类能够提出的所有问题中的终极问题。所有对此问题的回答都是现有人类智慧下的回答，并且也不可能得到最后的验证。那么，研究这个问题到底有没有意义？为什么要去研究？其实，所有的意义都是人赋予的，能够引发思考，满足好奇心，就是无与伦比的意义。在解决温饱之前，艺术是没有意义的，但是没有温饱顾虑之后，人们会发现艺术的意义大于吃饭。如果你追问下去，艺术对人类的意义到底是什么？那么追问到最后就只有一个答案，给人带来美感。

　　我们研究宇宙的终结也是一种对美的追求，你不觉得宇宙就是一部宏大的交响曲吗？从宇宙大爆炸的那一声大鼓开始，这首已经持续了138亿年的交响曲正进入高潮，它最终会以什么样的方式结束？人类有追寻答案的

宇宙从何而来？
要去向何方？

从人类文明诞生的那天起，我们就在追问两个问题：
宇宙从何而来？要去向何方？

本能冲动。如果把人类文明当作宇宙中难以计数的文明之一来看待，这个问题的研究深度，代表着人类文明在宇宙文明中的排名。它的意义不是针对某个个人，而是赋予整个人类文明的。

虽然看似无解，但科学家们依然可以根据已知的物理定律，对宇宙的未来做出合理的推测。到底是什么样的物理定律，能够让我们对宇宙的未来做出科学猜想呢？这就是大名鼎鼎的热力学第二定律，也被称为"熵增定律"。

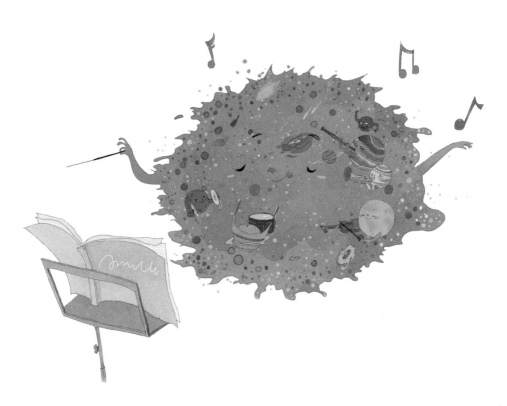

你不觉得宇宙就是一部宏大的交响曲吗？

熵增定律

"熵"这个字对你来说可能是个生僻字，它是一个物理学术语，就好像我们经常会遇到的"质量""能量"一样，都是科学家们发明出来，用以度量自然界中的某种物理量的。不过，这个物理量比较抽象，它表示的是自然界一种自发的发展方向，这个方向就是从有序向无序发展，用热力学的术语来说就是从低熵值向高熵值发展。

我给你打个比方，我们拿到一副新的扑克牌，牌的排列是从小到大按顺序的，我们洗牌的次数越多，这副牌的排列就会变得越来越无序，在这个系统中，熵就是在慢慢地变大。再比如，一个打碎的玻璃杯，它的熵就比打碎前增加了。还有，我们把一堆无序的沙子堆成一个很有规则、形状完整的沙堡，在这个过程中，沙子的熵值就减小了。

物理学家们发现了大自然的一个规律：任何孤立系统中的熵，只能增大，不能减小。什么叫孤立系统呢？你可以把它理解为一个不受外界干扰的环境。比如说，一个打碎的玻璃杯，如果没有外界干扰的话，它不可能自发地还原，也就是说，它的熵值不可能自动减小。

再比如，刚才你堆起的那座沙堡，假如我们把整个大自然想象成一个封闭的系统，在没有人类干扰的情况下，风很快就会让沙堡消失，让沙子的

我的熵增大了。

碎玻璃的熵增大了，沙堡的熵减小了

我的熵减小了。

排列重新回归无序，再厉害的风也永远不可能把沙子吹成一座规则的沙堡形态。这同样也是熵增定律的体现。

在宇宙学家的眼中，我们的宇宙也可以被看成是一个超级巨大的孤立系统，而宇宙中的所有物质都是由原子组成的，这些原子就好像是沙子。那么，宇宙的总体熵值也只能增大，不能减小，也就是说，所有的原子也一定会自发地朝着无序方向发展。那么，整个宇宙的熵值最大，也就是最无序的状态是什么呢？

宇宙热寂假说

那就是宇宙中的所有原子都均匀地分布在整个宇宙空间中，就好像沙子均匀地分布在了海滩上。到了这时候，宇宙熵就达到了最大，我们的宇宙再也不可能产生什么变化了，宇宙的末日也就到了。

宇宙的热寂说并不是宇宙最后会热死的意思，其实到了热寂那一天，宇宙的温度也降到了最低

我的温度怎么越来越低？

因为这个末日是用热力学第二定律推导出来的，所以就被称为宇宙的热寂说，并不是宇宙最后会热死的意思，其实到了热寂那一天，宇宙的温度也降到了最低。

不过，科学家们对于热寂的整个过程到底会是怎样，会在多久之后发生，没有一致的答案，甚至产生了比较大的分歧。

有一些科学家认为，宇宙中所有的恒星最终都会燃烧完毕，所有的天体都会分解成基本粒子，甚至连黑洞也会全部蒸发完毕，宇宙只剩下永恒的黑暗。这个过程大约需要 10^{1000} 年，也就是在 1 后面跟 1000 个 0 那么多年，我劝你不用试图去想象这是多么长的一个时间，因为你无论把它想象成有多久，实际上它都比你能想到的还要久得多。

关于宇宙热寂的假说一度统治着宇宙学，不同的宇宙学家只是在热寂的年代和方式上会产生分歧。但是，令人意想不到的是，人类进入 21 世纪，在宇宙学上的一个意外发现，很可能让宇宙末日来临的时间大大地缩短，这种缩短程度超乎想象，就好像把现在的整个可观宇宙一下子缩小到还没有一个原子那么大。这个意外发现到底是什么呢？

宇宙大撕裂假说

　　这个意外发现就是暗能量的发现，我们的宇宙中似乎存在着一种超出人类现有科学知识的能量形式，它弥漫在整个宇宙空间中。虽然单位空间中的暗能量极其微弱，比如，整个太阳系那么大的空间中所含的暗能量总量，可能还比不上你眨一眨眼睛所需要的能量。但是，我们的宇宙实在是太大了，整个宇宙蕴含的暗能量加在一起就不得了了。而且，暗能量还有一个特点，它会随着空间的增加而增加，不会被稀释。也就是说，宇宙膨胀得越大，暗能量也就越大。

　　有一些科学家计算出，220 亿年之后，宇宙的暗能量就足以大到把宇宙中的所有物质彻底撕裂。所谓的彻底撕裂，就是每个基本粒子之间互相远离的速度都超过了光速，任何基本粒子之间再也不可能发生相互作用了，宇宙也不可能再发生任何变化，一切可能性都丧失了。这就是大撕裂假说。

220亿年后，宇宙的暗能量
就足以大到把宇宙中的所有
物质彻底撕裂

　　大撕裂假说得到了不少科学家的支持，但是计算结果不太一样，甚至有人认为150亿年以后，宇宙就将进入大撕裂状态。虽然说，不管是220亿年也好，150亿年也好，相对于现在来说都是非常非常遥远的事情，并不会对我们的现在产生任何影响，但每每想到这种可怕的大撕裂的结局，我还是会不寒而栗。想想吧，每一个基本粒子互相远离的速度都大于光速，这个宇宙不可能再发生任何变化，一切可能性都丧失了，这样的结局似乎太恐怖了。但是，在人类彻底揭开暗物质和暗能量产生的根源之前，大撕裂

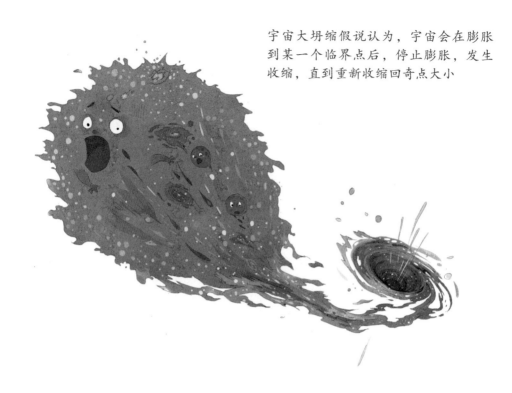

宇宙大坍缩假说认为，宇宙会在膨胀到某一个临界点后，停止膨胀，发生收缩，直到重新收缩回奇点大小

仍然是一个建立在流沙上的城堡，可能说毁就毁了。

热寂假说和大撕裂假说是目前科学界有关宇宙末日的最重要的两种假说，除此之外，还有其他一些假说。例如宇宙大坍缩假说，这个假说认为，宇宙会在膨胀到某一个临界点后，停止膨胀，发生收缩，直到重新收缩回奇点大小。但随着暗能量的发现，这个假说现在已经越来越不吃香了。

关于宇宙终结，所有假说都还缺乏足够的证据。还记得我最常说的一句话吗？非同寻常的主张必须要有非同寻常的证据。总之，我们的宇宙到底会走向何方，这个问题依然是未解之谜。

探索永无止境

好了，本书讲到这里，也即将结束。一部人类探索天文的历史其实也是一部人类追求科学的历史，希望你能从中体会人类是怎样一步步地走出蒙昧，产生理性，最后又诞生了科学。

我们现在已知的一切天文学知识无不是在科学精神的引领下，一步一个脚印地探索得来的。如果把我们对宇宙的认识比喻成一座雄伟大厦的话，那么每一块砖瓦都不是凭空而立，而是一块一块地垒上去的。在建造这座大厦的过程中，我们不断地修正、剔除无法经受住严格检验的砖块，每增加一层都得经受住无数人的质疑和验证。时至今日，人类已经取得了许多伟大的成就。对于宇宙而言，人类渺小如微尘，但是这样渺小的人类居然能把宇宙了解到今天这样的程度，身为人类的一分子，我深感自豪。

本章希望你能记住的科学精神是：

探索永无止境。

宇宙留给我们的未知领域还有太多太多。即使是我们身处的太阳系，我们想知道的东西依然数不胜数。太阳的磁暴是怎么产生的？太阳系中除了地球之外，还有孕育生命的地方吗？彗星到底来自哪里？奥尔特云是怎么形成的？……

从太阳系向外扩展到银河系，我们想知道的事情就更多了。地球之外还有智慧文明存在吗？是什么力量在推动着银河系自转并形成一个旋涡状？黑洞的视界之内到底是怎样的？……

再从银河系扩展到整个宇宙，更多的未解之谜等待着人类破解。暗能量是怎么产生的？伽马射线暴是怎么产生的？星系与星系之间的空间真的是完全空旷的吗？流浪行星是不是大量存在？虫洞是真实存在的天体吗？宇宙大爆炸的原因是什么？宇宙将会怎样终结？平行宇宙到底存不存在？……

或许在我的有生之年，这些问题都找不到答案。但也许，就在你们中间，会有这么一位少年从此立志去探寻宇宙的奥秘，而在我行将就木之前，他解开了其中一个谜题。如果有这么一天，我将为我今天写下这本书而感到无比自豪。

我是汪诘，我们后会有期。

思考题

前面我提到的那么多宇宙未解之谜，你对哪个谜题最感兴趣呢？你还知不知道除了这些问题之外的宇宙未解之谜呢？如果不知道，设法找到一个并告诉我。我的邮箱地址是 kexueshengyin@163.com。

探索永无止境。宇宙
留给我们的未知领域
还有太多太多